面向新文科专业建设计算机系列教材

Python编程与数据分析基础

陈洁　刘姝◎编著

清華大学出版社
北京

内容简介

本书以 Python 3.X 为平台，介绍 Python 编程基础和数据分析基础，共 9 章，内容包括 Python 概述、Python 语言基础、程序控制结构、序列数据结构、函数、文件与目录操作、NumPy 数值计算、Pandas 数据处理与分析、数据可视化，各章均配有丰富的例题与习题，并以一个完整的案例贯穿数据处理、数据分析与数据可视化这三部分。

本书适合作为普通高等学校文科类专业和其他非计算机专业的 Python 编程及数据分析的教材，也适合从事相关工作的人员阅读。

本书封面贴有清华大学出版社防伪标签，无标签者不得销售。
版权所有，侵权必究。举报：010-62782989，beiqinquan@tup.tsinghua.edu.cn。

图书在版编目(CIP)数据

Python 编程与数据分析基础/陈洁，刘姝编著．—北京：清华大学出版社，2021.8（2024.2重印）
面向新文科专业建设计算机系列教材
ISBN 978-7-302-58559-6

Ⅰ．①P… Ⅱ．①陈… ②刘… Ⅲ．①软件工具－程序设计－高等学校－教材 Ⅳ．①TP311.561

中国版本图书馆 CIP 数据核字(2021)第 132322 号

责任编辑：郭　赛
封面设计：杨玉兰
责任校对：胡伟民
责任印制：宋　林

出版发行：清华大学出版社
网　　址：https：//www.tup.com.cn，https：//www.wqxuetang.com
地　　址：北京清华大学学研大厦 A 座　　**邮　　编：**100084
社 总 机：010-83470000　　**邮　　购：**010-62786544
投稿与读者服务：010-62776969，c-service@tup.tsinghua.edu.cn
质量反馈：010-62772015，zhiliang@tup.tsinghua.edu.cn
课件下载：https：//www.tup.com.cn，010-83470236
印 装 者：三河市天利华印刷装订有限公司
经　　销：全国新华书店
开　　本：185mm×260mm　　**印　　张：**12.25　　**字　　数：**305 千字
版　　次：2021 年 8 月第 1 版　　**印　　次：**2024 年 2 月第 7 次印刷
定　　价：45.00 元

产品编号：093579-02

前言

FOREWORD

党的二十大报告提出“实施科教兴国战略，强化现代化建设人才支撑”。深入实施人才强国战略，培养造就大批德才兼备的高素质人才，是国家和民族长远发展的大计。为贯彻落实党的二十大精神，筑牢政治思想之魂，编者在牢牢把握这个原则的基础上编写了本书。

大数据、人工智能等技术作为新一轮科技革命和产业革命的驱动力，正深刻影响着社会经济的发展。利用数据分析和数据挖掘技术可以从海量数据中提取出有价值的信息，总结出研究对象的内在规律，从而帮助管理者进行判断和决策。数据分析能力已成为数据智能时代相关人才的必备能力。

2018 年，教育部发布的《教育信息化 2.0 行动计划》指出：提升信息素养对于落实立德树人目标、培养创新人才具有重要作用。数据无处不在，数据的收集、处理和应用已成为人们在金融、商务、政务、管理等领域的必备技能，也是数据智能时代信息素养的重要组成部分。

科技日新月异的发展使社会需求发生了巨大变化，互联网、大数据、人工智能等技术进入各个学科，同时深刻影响着人文社会学科。目前，教育部正在全面推进“新文科”建设，“立足新时代、融合新技术”是新文科建设的重要任务之一。

Python 程序设计语言的语法简洁灵活，对非计算机专业的人士更为友好，并且在数据分析与挖掘、人工智能领域占据着重要地位。本书面向文科类专业学生，以数据分析及应用为目的，分为两部分：第一部分为 Python 编程基础，包括 Python 概述、Python 语言基础、程序控制结构、序列数据结构、函数、文件与目录操作等内容；第二部分通过 Python 扩展库介绍数据分析方法及其应用，包括 NumPy 数值计算、Pandas 数据处理与分析、Matplotlib 与 Pandas 数据可视化等内容，并以一个完整的案例加以应用。

本书的主要特色如下。

(1) 融合了计算机程序设计与数据分析的教学内容，并以数据分析应用为目的，旨在通过编程语言的学习和应用培养学生的基本编程能力和计算思维，通过数据分析方法的学习和应用培养学生的基本数据分析能力和数据素养，激发文科类专业学生对新一代信息技术的学习兴趣、应用意识、创新意识。

(2) 充分考虑文科类专业学生的不同学科背景和零编程基础，在内容的组织和编排上注重学生的认知规律，构建渐进式、以应用牵引的教学内容体系，并且在知识的深度和广度上做适当权衡。

- 各章中的示例通俗易懂，代码步骤清晰、注释详细，易于学生阅读和理解。
- 各章既有讲解各知识点的示例及应用，也有综合应用示例，逐步培养学生通过编程解决实际问题的能力。
- 对于众多功能丰富的 Python 内置模块、标准库和扩展库所提供的函数及对象方法，主要介绍其中最常用的操作和设置方法，旨在让学生掌握基础的语法知识。
- 在数据分析部分，以“订单”数据集为分析对象，介绍数据导入、数据预处理、数据分析、图表辅助分析及以可视化的形式展示分析结果的全过程，尤其注重数据分析思维的传授，旨在培养学生的数据思维，并能够使用数据分析工具完成本专业领域中基本的数据分析任务。
- 各章后均有“本章小结”，旨在总结教学重点和要点。

为方便教学，本书为教师提供电子课件和程序源代码，所有代码均可运行于 Python 3.X 环境。

本书的参考课时为 48～64 学时，Python 编程基础与数据分析两部分内容各占 1/2，上机操作应不少于总课时的 1/2。

本书可作为高等学校文科类专业和非计算机专业计算机专业基础课程的教材，也适合从事相关工作的人员阅读。

本书由陈洁和刘姝共同编著，刘志斌老师为本书的编写提供了宝贵的意见和建议，在此表示感谢。

由于作者水平有限，书中难免存在不妥之处，敬请读者批评指正。

编　者

2021 年 6 月于北京

CONTENTS

Chapter 1

第 1 章

Python 概述

1.1 计算机程序与编程语言

电子计算机的诞生是科学技术发展史上一个重要的里程碑,也是20世纪人类伟大的发明创造之一。随着现代科技的日益发展,计算机以崭新的姿态伴随人类迈入了新的世纪,它以快速、高效、准确等特性成为人们日常生活与工作的最佳助手。

1. 计算机程序

有人认为计算机是“万能”的,会自动进行所有的工作,甚至觉得计算机神秘莫测。其实,计算机的每一个操作都是根据人们事先指定的指令进行的。例如,用一条指令要求计算机进行一次加法运算,用另一条指令要求计算机将某一运算结果输出到显示屏。为了使计算机执行一系列的操作,必须事先编写一条条的指令并输入计算机。

所谓程序,就是一组计算机能识别和执行的指令。每一条指令可以使计算机执行特定的操作。只要让计算机执行这个程序,计算机就会“自动”执行各条指令,有条不紊地进行工作。一个特定的指令序列用来完成一定的功能。为了使计算机系统能够实现各种功能,需要成千上万个程序。这些程序大多是由计算机软件的设计人员根据需要设计的,作为计算机软件系统的一部分提供给用户使用。此外,用户还可以根据自己的实际需要设计一些应用程序,例如学生成绩统计程序、财务管理程序、工程中的计算程序等。

总之,计算机的一切操作都是由程序控制的,离开程序,计算机将一事无成。所以,计算机本质上是执行程序的机器,程序和指令是计算机系统中最基本的概念。只有懂得程序设计,才能真正了解计算机是如何工作的,才能更深入地使用计算机。

2. 计算机编程语言

人与人之间的交流需要通过语言进行。人与计算机交流信息也要解决语言问题,需要创造一种计算机和人都能识别的语言,这就是计算机编程语言。计算机编程语言经历了以下几个发展阶段。

(1) 机器语言

计算机的工作都是基于二进制的,从根本上来说,计算机只能识别和接收由0和1组成的指令。如果计算机的一条指令长度为16位,即采用16个二进制数(0或1)组成一条指令。16 个 0 和 1 可以组成各种排列组合，例如，用 1011011000000000 让计算机进行一次加法运算。人类要想使计算机理解和执行自己的意图，就要编写许多条由 0 和 1 组成的指令。

这种计算机能直接识别和接收的二进制代码称为机器指令，机器指令的集合就是该计算机的机器语言，它规定了各种指令的表示形式和作用。显然，机器语言与人们习惯使用的语言差别很大，难学、难写、难记、难检查、难修改、难以推广使用。因此，初期只有极少数的计算机专业人员能够编写计算机程序。

(2) 汇编语言

为了克服机器语言的上述缺点，科学家设计出了汇编语言，它用一些英文字母和数字表示一个指令，例如 ADD 表示“加”，SUB 表示“减”等。上面介绍的 16 位由 0 和 1 组成的加法指令就可以改用汇编指令“ADD A,B”替代(ADD 是指令助记符，A 和 B 是操作数)，该指令的含义是将寄存器 A 中的数与寄存器 B 中的数相加，结果存放在寄存器 A 中。显然，计算机并不能直接识别和执行汇编语言的指令，因此需要用一种称为汇编程序的软件把汇编语言的指令转换为机器指令。通常，一条汇编语言的指令转换为一条对应的机器指令。

虽然汇编语言比机器语言简单好记一些，但它仍然难以普及，只能由专业人员使用。不同型号的计算机的机器语言和汇编语言是互不通用的，用机器 A 的机器语言编写的程序在机器 B 上不能使用。机器语言和汇编语言完全依赖于具体机器的特性，是面向机器的语言。

(3) 高级语言

为了克服低级语言的缺点，20 世纪 50 年代出现了第一种计算机高级语言——FORTRAN 语言。FORTRAN 语言很接近于人们习惯使用的自然语言和数学语言，程序中用到的语句和指令都是用英文单词表示的，所用的运算符和运算表达式也都与人们日常所用的数学公式类似，很容易理解。这种语言的功能很强大，且不依赖于具体机器，用它写出的程序对任何型号的计算机都适用(或只须做很少的修改)，称为计算机高级语言。

当然，计算机也是不能直接识别高级语言程序的，也需要进行“翻译”，即通过一种称为编译程序的软件把用高级语言编写的程序(源程序)转换为机器指令的程序(目标程序)，然后让计算机执行机器指令程序，最后得到结果。高级语言的一条语句往往对应多条机器指令。

高级语言的出现使编程人员能够较容易地掌握程序设计与开发，为计算机的推广和普及创造了良好的条件。高级语言有很多种，如 C、C++、Java、Python 等，每种语言都有其特点和特定的用途。在进行程序设计时，编程人员需要根据任务选择合适的编程语言并编写出程序，然后运行程序以得到结果。

1.2　Python 语言介绍

1.2.1　Python 的起源与发展

Python 语言的创始人为荷兰人吉多·范罗苏姆(Guido von Rossum)。1982 年,吉多·范罗苏姆从阿姆斯特丹大学获得了数学和计算机硕士学位。1989 年圣诞节期间,他决心开发一种新的脚本解释语言。程序语言的名字 Python(英文原意为"蟒蛇")取自吉多·范罗苏姆喜欢的电视喜剧《蒙提·派森的飞行马戏团》(*Monty Python's Flying Circus*)。

Python 于 1991 年公开发行了第一个版本,2000 年发布了 2.0 版本,2008 年发布了 3.0 版本。相邻的两个版本之间无法实现兼容。Python 源代码遵循 GPL(GNU General Public License,GNU 通用公共许可证)协议。Python 2.7 于 2020 年 1 月 1 日终止支持。如果用户想要在这个日期之后继续得到与 Python 2.7 有关的支持,则需要付费给服务供应商。目前 Python 3 是主流版本。经过近 30 年的发展,Python 在各个领域都有着广泛的应用。本书使用的环境是 Python 3.X 版本,以下不再赘述。

1.2.2　Python 的特点

Python 语言最主要的特点如下。

1. 简单易学

Python 语言的关键字较少、结构简单、语法简洁明了,即便是非软件专业的初学者也很容易上手。与其他主流编程语言相比,实现同一个功能时,Python 语言的实现代码往往是最短的。例如,若完成同一个功能,C 语言要写 1000 行代码, Java 语言要写 100 行,而 Python 可能只需要写 20 行代码。

2. 跨平台可移植

Python 是 FLOSS(自由/开源软件)之一。Python 可以被移植到很多平台,采用 Python 语言编写的程序不需要经过任何转换就可以在 Linux、Windows、Mac OS 等不同平台上运行。

3. 功能强大

Python 具有功能丰富的标准库和扩展库。Python 既支持面向过程的编程,也支持面向对象的编程。在面向过程的方式中,程序是由过程或可重用代码的函数构建起来的。在面向对象的方式中,程序是通过对象构建的。

4. 可扩展性和可嵌入性

可以把部分程序用 C 或 C++ 编写,然后在 Python 程序中使用它们;也可以把 Python 嵌入 C/C++ 程序,从而为程序的用户提供脚本功能。因此,Python 也被称为"胶水"语言，它可以把多种采用不同语言编写的程序融合到一起，实现无缝拼接。

1.2.3 Python 的应用领域与发展趋势

Python 作为一种高级通用语言，可以应用于如人工智能、数据分析、网络爬虫、金融量化、云计算、Web 开发、自动化运维和测试、游戏开发、网络服务、图像处理等众多领域。目前，业内几乎所有的大中型互联网企业都在使用 Python。

1. 常规软件开发

Python 支持函数式编程和面向对象编程，能够承担多种软件的开发工作，因此常规的软件开发、脚本编写、网络编程等都可以使用 Python。

2. 科学计算

随着 NumPy、SciPy、Matplotlib 等众多程序库的出现，Python 越来越适用于科学计算、绘制高质量的 2D 和 3D 图像。和科学计算领域最流行的商业软件 MATLAB 相比，Python 是一门通用的程序设计语言，它比 MATLAB 所采用的脚本语言的应用范围更广泛，有更多的程序库的支持。虽然 MATLAB 中的许多高级功能和工具目前还是无法替代的，但在日常的科研开发中仍然有很多工作是可以用 Python 完成的。

3. 数据分析

在大量数据的基础上，结合科学计算、机器学习等技术对数据进行清洗、去重、规格化和针对性的分析是大数据行业的基石。Python 是数据分析的主流语言之一。

4. 网络爬虫

网络爬虫也称网络蜘蛛，是大数据行业获取数据的核心工具。网络爬虫可以自动、智能地在互联网上爬取免费的数据，Python 是目前编写网络爬虫所使用的主流编程语言之一，其 Scrapy 爬虫框架的应用非常广泛。

5. 人工智能

Python 在人工智能大范畴领域内的机器学习、神经网络、深度学习等方面都是主流的编程语言，得到了广泛的支持和应用。

6. 云计算

开源云计算解决方案 OpenStack 就是基于 Python 而开发的。

7. Web 开发

基于 Python 的 Web 开发框架非常多，例如 Django、Tornado、Flask。其中，Python＋Django 架构的应用范围广泛，开发速度快，学习门槛很低，能够帮助开发人员快速搭建可用的 Web 服务。

8. 自动化运维

自动化运维几乎是 Python 应用的自留地，作为运维工程师首选的编程语言，Python

在自动化运维方面已经深入人心，例如 Saltstack 和 Ansible 都是基于 Python 的知名自动化平台。

Python 已经成为非常受欢迎的程序设计语言之一。自 2004 年以后，Python 的使用率呈线性增长。根据 TIOBE 排行榜 2021 年的最新数据显示，Python 位居编程语言排行榜的第 3 位（如图 1-1 所示），且有继续提升的态势。

Feb 2021	Feb 2020	Change	Programming Language	Ratings	Change
1	2	^	C	16.34%	-0.43%
2	1	v	Java	11.29%	-6.07%
3	3		Python	10.86%	+1.52%
4	4		C++	6.88%	+0.71%
5	5		C#	4.44%	-1.48%
6	6		Visual Basic	4.33%	-1.53%
7	7		JavaScript	2.27%	+0.21%
8	8		PHP	1.75%	-0.27%
9	9		SQL	1.72%	+0.20%
10	12	^	Assembly language	1.65%	+0.54%
11	13	^	R	1.56%	+0.55%
12	26	^^	Groovy	1.50%	+1.08%
13	11	v	Go	1.28%	+0.15%
14	15	^	Ruby	1.23%	+0.39%
15	10	vv	Swift	1.13%	-0.33%
16	16		MATLAB	1.06%	+0.27%
17	18	^	Delphi/Object Pascal	1.02%	+0.27%
18	22	^^	Classic Visual Basic	1.01%	+0.40%
19	19		Perl	0.93%	+0.23%
20	20		Objective-C	0.89%	+0.20%

图 1-1　编程语言排行榜

1.3　Python 环境安装与使用

在使用 Python 语言之前，首先要进行 Python 环境的安装与配置。本书使用的是 Python 3.X 软件版本。

计算机只能理解二进制代码，不能理解用 Python 语言编写的源代码。因此，Python 环境就是 Python 解释器，它像翻译官一样把程序代码翻译成机器能够理解的二进制代码，然后才可以运行。

1.3.1　安装与配置 Python 环境

1. Python 的下载

从 Python 官网主页（www.python.org/downloads/）下载并安装 Python 开发和运行环境，下载页面如图 1-2 所示。

本书使用的是 Python 3.7 的 Windows 版本。

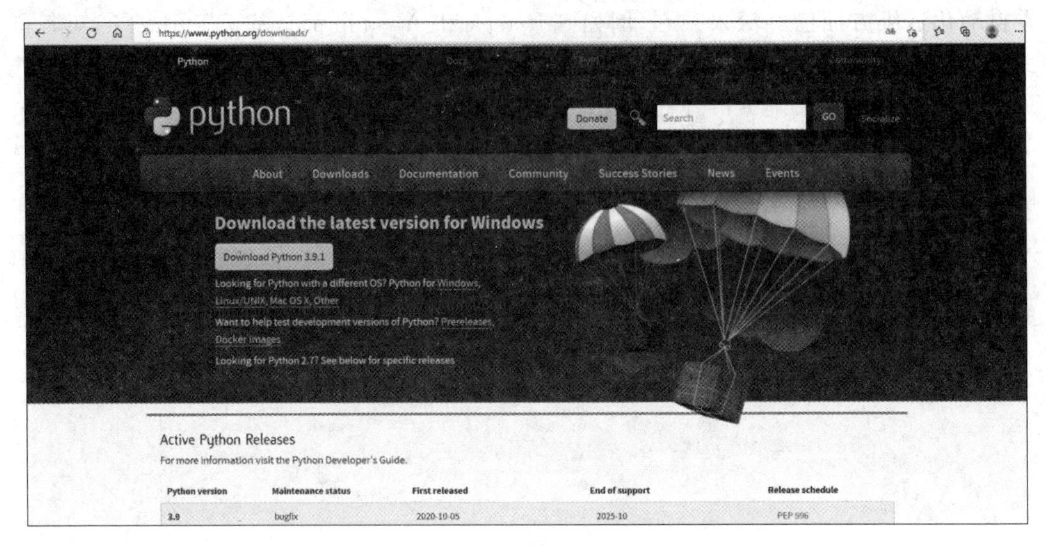

图 1-2 Python 下载页面

如何确定计算机系统是 32 位还是 64 位？Windows 操作系统中，可以在“此电脑”图标上右击，在弹出的快捷菜单中选择“属性”选项，弹出图 1-3 所示的界面，查看系统类型，图中显示为 64 位操作系统，所以 Python 软件需要下载 64 位版本。

图 1-3 计算机系统环境

2. Python 的安装

双击下载的 Python 安装文件会出现图 1-4 所示的安装界面。如果直接安装，则单击 Install Now 按钮，会自动安装到默认的路径。如果自定义安装，则可以单击 Customize installation 按钮，修改安装路径并进行设置。

图 1-4　安装界面

【注意】 勾选 Add Python 3.7 to PATH 复选框可以自动将 Python 加入环境变量。如果没有勾选，则后续需要手动设置环境变量。

这里选择自定义安装，出现图 1-5 所示的界面，单击 Next 按钮。

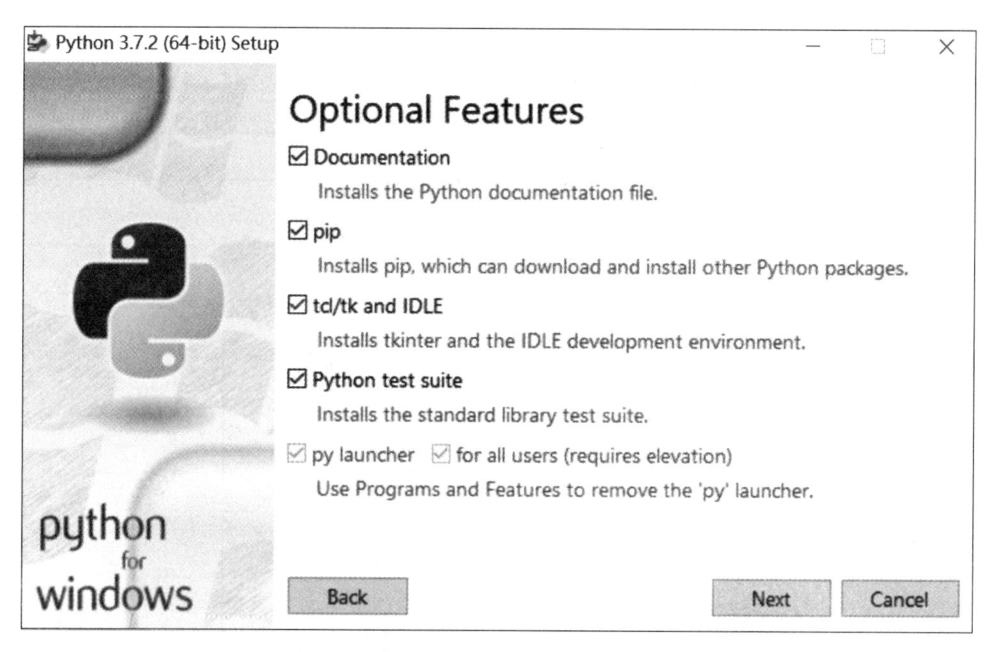

图 1-5　自定义安装

进入图 1-6 所示的界面，勾选 Install for all users 复选框，根据需要修改软件的安装路径。设置完成后，单击 Install 按钮即可开始安装。安装完成后会提示安装成功。

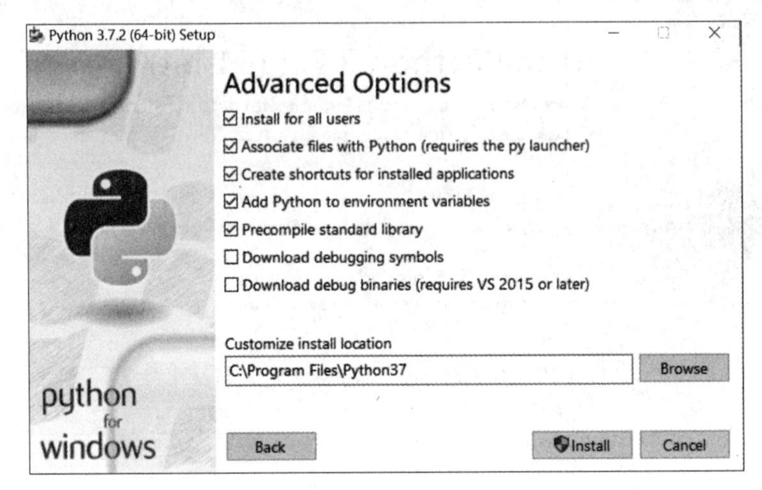

图 1-6　高级选项

3. Python 环境变量的设置

如果在安装 Python 时没有勾选将 Python 加入环境变量的选项，则可以参照以下步骤手动设置。

在“此电脑”上右击，在弹出的快捷菜单中选择“属性”选项，在弹出的界面中选择“高级系统设置”选项，出现图 1-7 所示的“系统属性”界面。

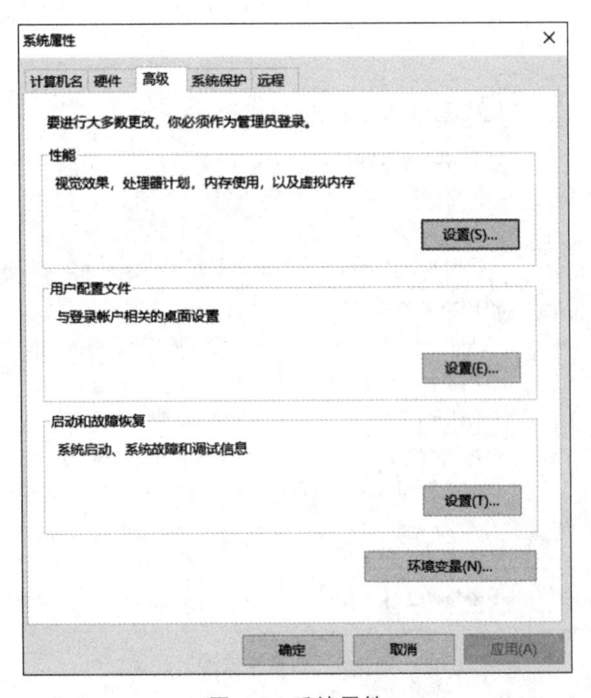

图 1-7　系统属性

单击“环境变量”按钮，弹出“环境变量”对话框，在下方的“系统变量”列表框中找到变量 Path 并双击，如图 1-8 所示。

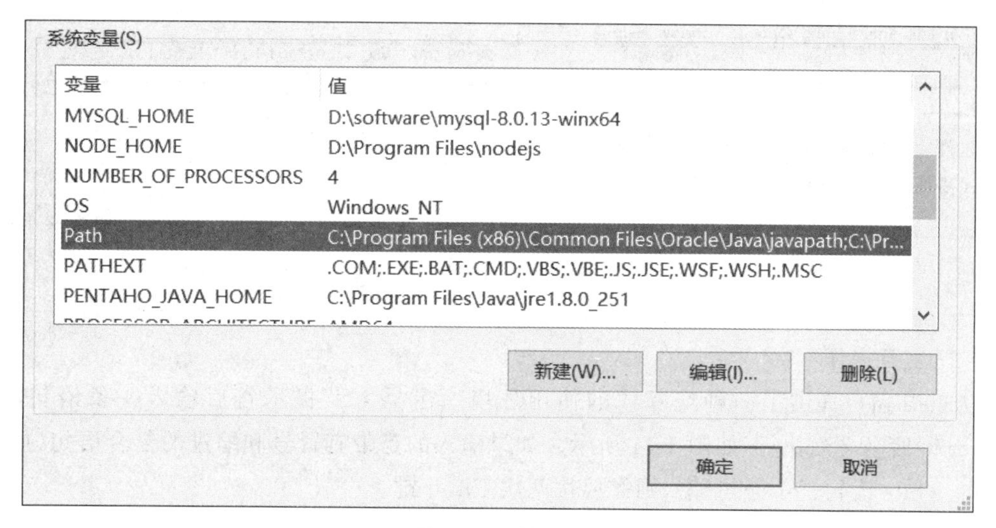

图 1-8　环境变量

单击“编辑”按钮，弹出“编辑系统变量”对话框，单击“新建”按钮，输入 Python 的安装路径，再单击“确定”按钮，即可完成环境变量的设置。

1.3.2　Python 开发环境 IDLE 及其使用

安装 Python 后会自动安装 IDLE(集成开发环境)，该软件包含文本处理程序，用于书写和修改 Python 代码。IDLE 有两个窗口可以供开发者使用：Shell 窗口可以直接输入并执行 Python 语句，编辑窗口可以输入和保存程序。

1. IDLE 的启动

如图 1-9 所示，在 Windows 系统的“开始”菜单中选择 Python 3.7→IDLE(Python 3.7 64-bit)选项就可以启动 IDLE。

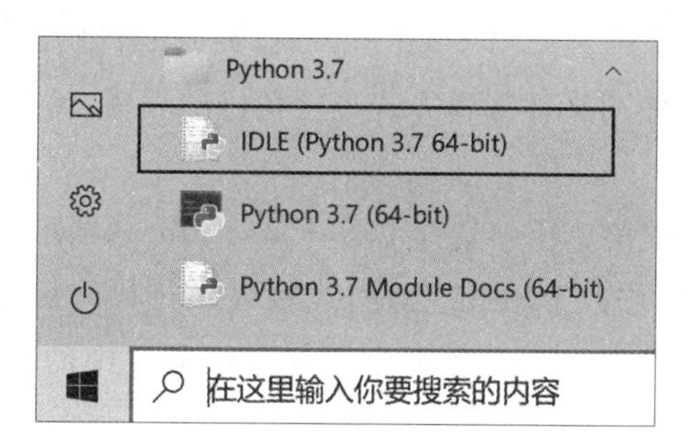

图 1-9　启动 IDLE

启动 IDLE 后，进入图 1-10 所示的 Shell 界面。“>>>”是 Python 命令提示符，在提示符后可以输入 Python 语句。窗口的菜单栏列出了常用的操作选项。

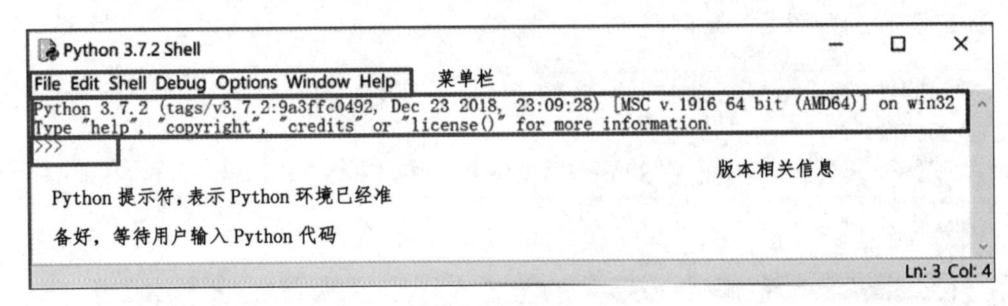

图 1-10 IDLE 界面

2. 交互操作

Shell 窗口提供了一种交互式的使用环境。在“>>>”提示符后输入一条语句,按 Enter 键后会立刻执行,如图 1-11 所示。如果输入的是带有冒号和缩进的复合语句(如 if 语句、while 语句、for 语句等),则需要按两次 Enter 键。

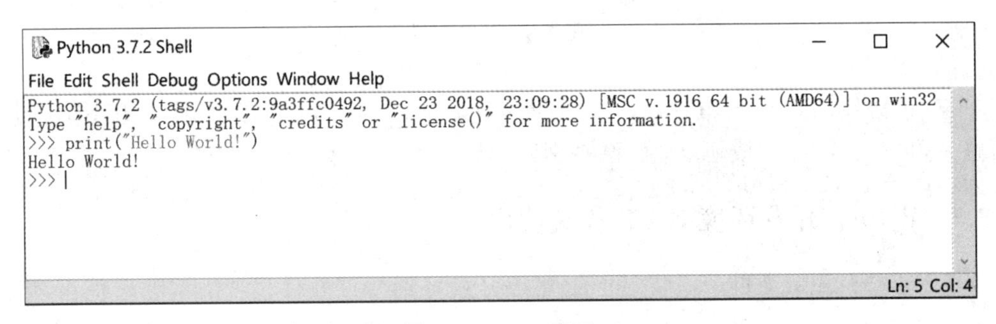

图 1-11 Shell 窗口

初学者可以使用 Shell 窗口练习编程,或者在编写较大的程序时在 Shell 窗口中测试代码片段。

3. 文件操作

Shell 窗口无法保存代码。关闭 Shell 窗口后,输入的代码就被清除了。所以在进行程序开发时,通常都需要使用文件编辑方式进行代码的编写、保存与执行。

(1) 创建程序文件

在 IDLE Shell 窗口的菜单栏中选择 File→New File 选项可以打开文件编辑窗口,在该窗口中可以直接编写和修改 Python 程序,当输入一行代码后,按 Enter 键可以自动换行,如图 1-12 所示,可以连续输入多条命令语句。标题栏中的“Untitled”表示文件未命名,带“*”号表示文件未保存。

(2) 保存程序文件

在“文件编辑”窗口中选择 File→Save 选项或者按下快捷键 Ctrl+S 会弹出“另存为”对话框,选择文件的存放位置并输入文件名,例如“hello.py”,即可保存文件,如图 1-13 所

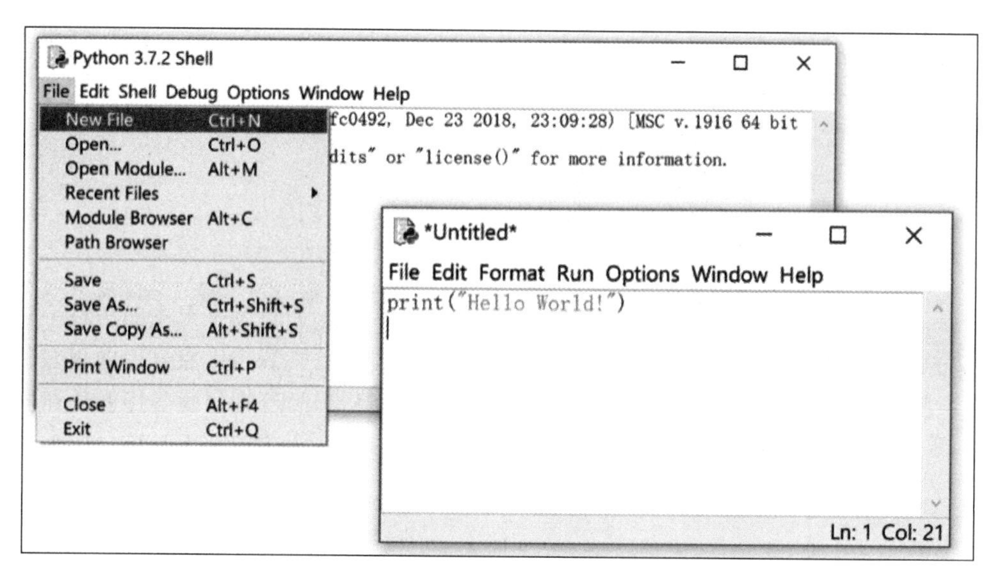

图 1-12　文件创建

示。Python 文件的扩展名为“py”。

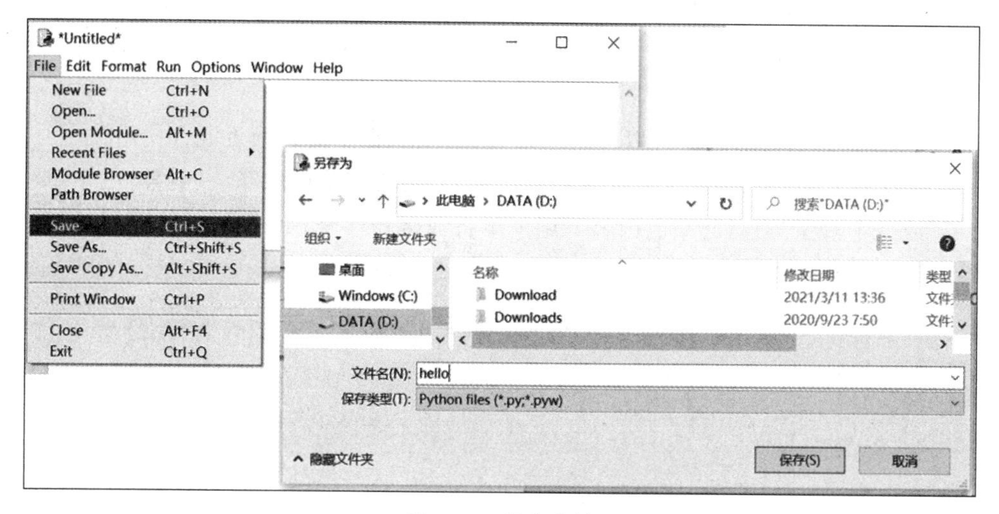

图 1-13　保存文件

（3）运行程序

在菜单栏中选择 Run→Run Module 选项或者按快捷键 F5 即可运行程序，如图 1-14 所示。运行结果会在 Shell 窗口中输出。

（4）代码书写要求

Python 程序对于代码(命令语句)格式有严格的语法要求，书写代码时需要注意以下几点。

- 在 Shell 窗口中，所有语句都必须在命令提示符“>>>”后输入，按 Enter 键执行。
- 语句中的所有符号都必须是半角字符(在英文输入法下输入的字符)，需要特别注

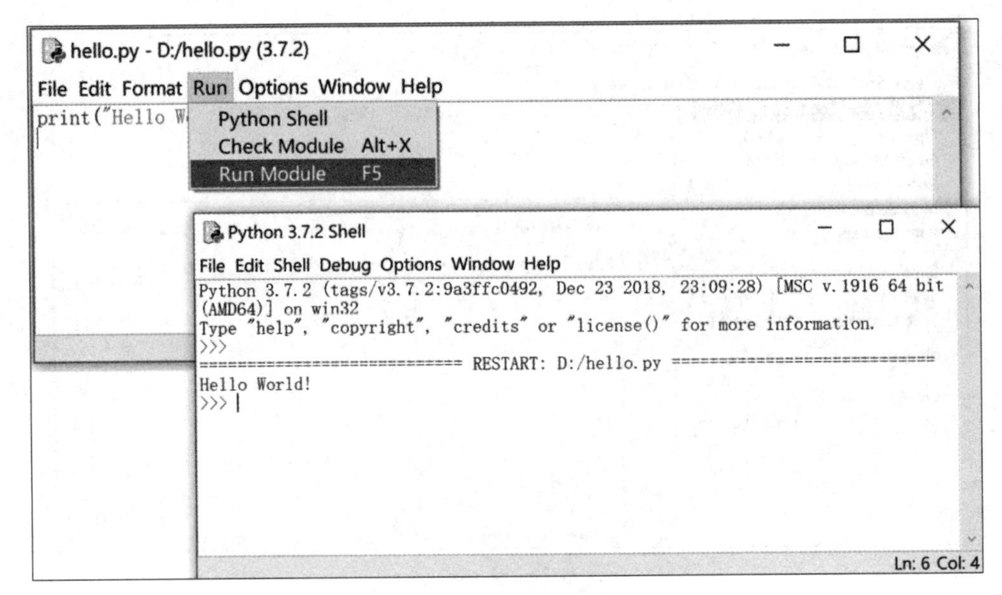

图 1-14 运行程序

意括号、引号、逗号等符号的格式。

- Python 用相同的缩进表示同一级别的语句块，不正确的缩进会导致程序逻辑错误。
- Python 在表示缩进时可以使用 Tab 键或空格，但不要将两者混合使用。
- 对关键代码可以添加必要的注释，以“#”开头表示单行注释，三引号(三个单引号或三个双引号)括起来的内容可用于单行或多行注释，如图 1-15 所示。注释的作用是解释和说明，注释文本不会作为语句而被执行。

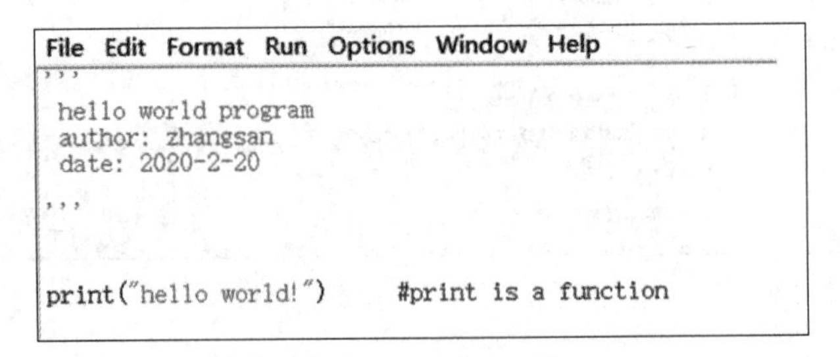

图 1-15 在代码中添加注释

(5) 帮助功能

IDLE 环境提供了诸多帮助功能，常见的有以下几种。

① Python 关键字使用不同的颜色标识。例如，print 关键字默认使用紫色标识。

② 输入函数名或方法名，再输入紧随的“(”时会出现相应的语法提示，如图 1-16 所示。

```
>>> print(
        print(value, ..., sep=' ', end='\n', file=sys.stdout, flush=False)
```

图 1-16　书写代码时的语法提示

③ 使用 Python 提供的 help()函数可以获得相关对象的帮助信息。如图 1-17 所示，可以获得 print()函数的帮助信息，包括该函数的语法、功能描述和各参数的含义等。

```
>>> help(print)
Help on built-in function print in module builtins:

print(...)
    print(value, ..., sep=' ', end='\n', file=sys.stdout, flush=False)

    Prints the values to a stream, or to sys.stdout by default.
    Optional keyword arguments:
    file:  a file-like object (stream); defaults to the current sys.stdout.
    sep:   string inserted between values, default a space.
    end:   string appended after the last value, default a newline.
    flush: whether to forcibly flush the stream.

>>>
```

图 1-17　print()函数的帮助信息

④ 输入模块名或对象名，再输入紧随的"."时，会弹出相应的元素列表框。例如，按图 1-18 所示输入 import 语句，导入 math 模块，按 Enter 键执行。然后输入"math."，稍后就会弹出一个列表框，列出了该模块包含的所有数学函数等对象，可以直接从列表中选择需要的元素，代替手动输入。

(6) Shell 窗口中的错误提示

代码中如果有语法错误，则执行后会在 Shell 窗口显示错误提示。如图 1-19 所示，提示"NameError: name 'prind' is not defined"(名称错误)。需要认真阅读提示信息，查询错误原因。图 1-19 中的错误是函数名"print"拼写错误，写成了"prind"。

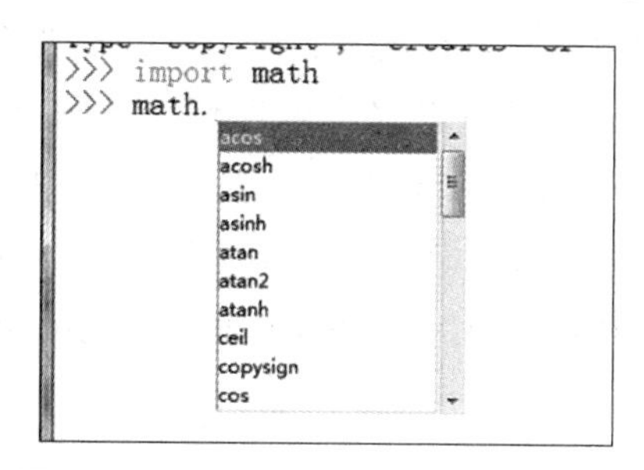

图 1-18　与模块或对象关联的选择列表

```
>>> prind('Hello world!')
Traceback (most recent call last):
  File "<pyshell#10>", line 1, in <module>
    prind('Hello world!')
NameError: name 'prind' is not defined
```

图 1-19　Shell 窗口中的错误提示信息

(7) 常用快捷键

在程序开发过程中，合理使用快捷键可以降低代码的错误率，提高开发效率。在 IDLE 中，选择 Options→Configure IDLE 选项，打开 Settings 对话框，在 Keys 选项卡中列出了常用的快捷键，其含义如表 1-1 所示。

表 1-1 常用快捷键

快 捷 键	说 明	适 用 范 围
F1	打开 Python 帮助文档	Python 文件窗口和 Shell 窗口均可用
Alt+P	浏览历史命令(上一条)	仅 Python Shell 窗口可用
Alt+N	浏览历史命令(下一条)	仅 Python Shell 窗口可用
Alt+/	自动补全前面曾经出现过的单词,如果之前有多个单词具有相同的前缀,则可以连续按下该快捷键以在多个单词之间循环选择	Python 文件窗口和 Shell 窗口均可用
Alt+3	注释代码块	仅 Python 文件窗口可用
Alt+4	取消代码块注释	仅 Python 文件窗口可用
Alt+g	转到某一行	仅 Python 文件窗口可用
Ctrl+Z	撤销上一步操作	Python 文件窗口和 Shell 窗口均可用
Ctrl+Shift+Z	恢复上一次的撤销操作	Python 文件窗口和 Shell 窗口均可用
Ctrl+S	保存文件	Python 文件窗口和 Shell 窗口均可用
Ctrl+]	缩进代码块	仅 Python 文件窗口可用
Ctrl+[	取消代码块缩进	仅 Python 文件窗口可用
Ctrl+F6	重新启动 Python Shell	仅 Shell 窗口可用

1.3.3 其他集成开发环境

除了 Python 官网提供的 IDLE 开发环境以外,还有其他常用的 Python 开发环境。本节介绍 Anaconda 和 PyCharm 这两种常用的软件。

1. Anaconda

Anaconda 是专门为了方便使用 Python 进行数据科学研究而建立的一组软件包,涵盖了数据科学领域常见的 Python 库,并且自带了专门用来解决软件环境依赖问题的 conda 包管理系统。Anaconda 中,Jupyter Notebook 和 Spyder 使用得较多,特别是 Juypter Notebook,它能够基于网页进行交互式程序运行,其界面如图 1-20 所示。Anaconda 的安装程序可以在其官方网站(https://www.anaconda.com/products/individual#downloads)下载。

2. PyCharm

PyCharm 是一种 Python 集成开发环境,它提供了一整套帮助用户高效使用 Python 语言进行开发的工具,如调试、语法高亮、项目管理、代码跳转、智能提示、自动完成、单元测试、版本控制等,并支持基于 Django 框架的专业 Web 开发。

PyCharm 的安装包可以在官方网站(https://www.jetbrains.com/pycharm/)下载,单击 Download 按钮后可以看到两个版本:Professional(专业版)和 Community(社区

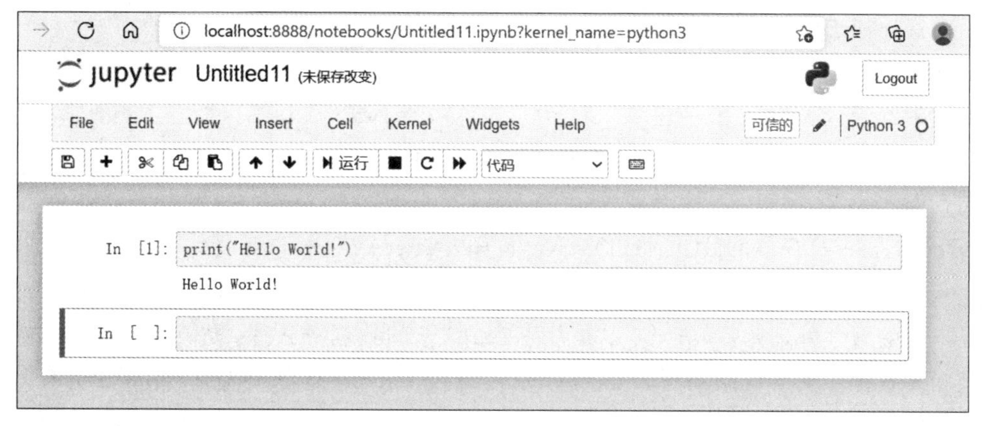

图 1-20　Jupyter Notebook 交互式编程界面

版)。Professional 是收费版本,Community 是免费版本,其具体的安装和使用可以查阅相关资料。PyCharm 的界面如图 1-21 所示。

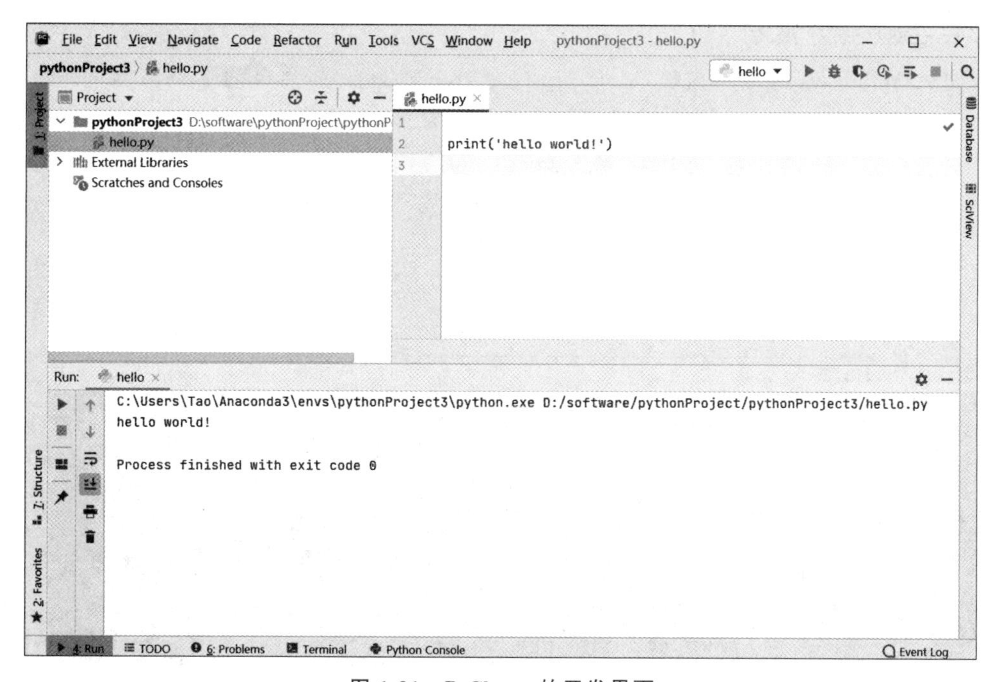

图 1-21　PyCharm 的开发界面

1.4　Python 扩展库

标准的 Python 安装包只包含内置模块和标准库,不包含任何扩展库。

Python 中的库通常是指包含若干模块的文件夹,模块一般指包含若干函数定义、类定义或常量的 Python 源程序文件(.py)。

内置模块中的对象在程序中可以直接使用。例如 print()、help()等函数。

标准库中的对象必须先导入所在的库,然后才能使用。例如,sin()、cos()就是 math 标准库中的函数。

Python 官网上的发行版是不包含扩展库的,扩展库需要单独下载、安装并导入后才能使用。用于数据分析、科学计算与可视化的扩展库有 NumPy、Scipy、Pandas、SymPy、Matplotlib、Traits、TraitsUI、Chaco、TVTK、Mayavi、VPython、OpenCV 等。

其中,NumPy 是一个科学计算包,它支持 N 维(多维)数组运算,可处理大型矩阵,提供了丰富的数学处理函数。Pandas 是基于 NumPy 的数据分析库,提供了大量标准数据模型和高效操作大型数据集所需要的工具,可以说 Pandas 是使 Python 能够成为高效且强大的数据分析环境的重要因素之一。Matplotlib 模块依赖于 NumPy 模块和 Tkinter 模块,可以绘制多种形式的图形,包括折线图、直方图、饼图、散点图等,是数据可视化的重要工具。本书的第 7～9 章将介绍这三种扩展库。

使用 Python 自带的 pip 工具可以管理扩展库。

1. 在线安装扩展库

进入 Windows 命令行窗口,输入 pip 命令,pip 管理工具会自动下载与当前 Python 版本匹配的扩展库。例如,可以输入:

```
pip install numpy
pip install pandas
pip install matplotlib
```

图 1-22 所示是安装 NumPy 的界面。

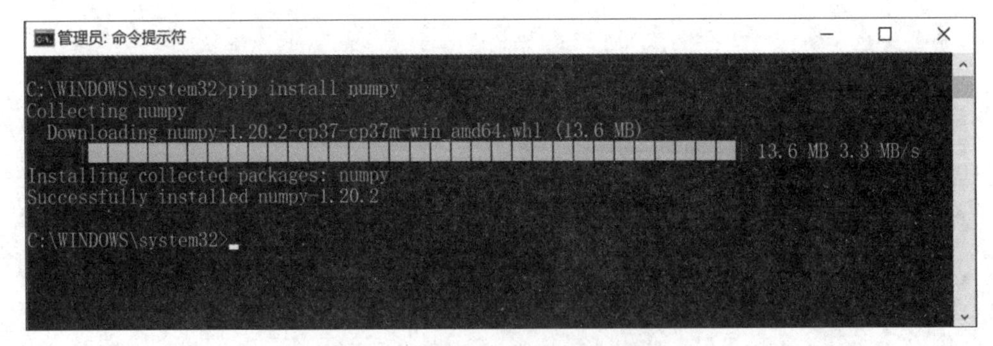

图 1-22 在线安装 NumPy 扩展库

2. 离线安装扩展库安装包

如果在线安装失败,则可以下载扩展库编译好的.whl 文件(下载地址: https://www.lfd.uci.edu/~gohlke/pythonlibs/),然后执行以下 pip 安装命令。

```
pip install 扩展库安装包
```

3. 卸载扩展库

如果要卸载已安装的扩展库，则可以使用 pip uninstall 命令。例如，卸载 NumPy 扩展库可以输入：

```
pip uninstall numpy
```

图 1-23 所示为卸载 NumPy 的界面。

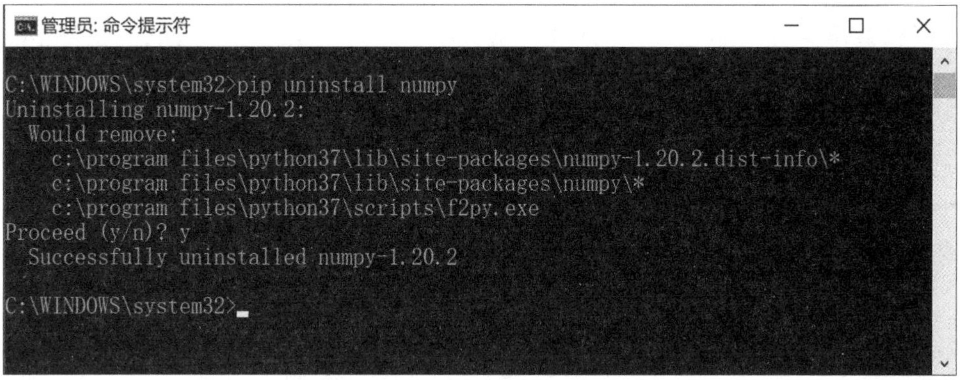

```
管理员: 命令提示符
C:\WINDOWS\system32>pip uninstall numpy
Uninstalling numpy-1.20.2:
  Would remove:
    c:\program files\python37\lib\site-packages\numpy-1.20.2.dist-info\*
    c:\program files\python37\lib\site-packages\numpy\*
    c:\program files\python37\scripts\f2py.exe
Proceed (y/n)? y
  Successfully uninstalled numpy-1.20.2

C:\WINDOWS\system32>
```

图 1-23　卸载 NumPy 扩展库

1.5　本章小结

本章介绍了计算机程序与编程语言的概念、Python 语言的特点和 Python 环境的安装使用。主要内容如下。

(1) 计算机程序是一组计算机能够识别和执行的指令。

(2) 程序开发需要使用计算机编程语言。计算机编程语言经历了机器语言、汇编语言、高级语言等阶段。

(3) Python 是目前世界上最流行的编程语言之一。Python 语言在发展过程中形成了 2.X 和 3.X 两个系列版本。这两个版本之间无法实现兼容，目前 Python 3 是主流版本。

(4) IDLE 是 Python 官方提供的集成开发环境，有两种使用方式。在 Shell 窗口中可以直接输入并执行 Python 指令，进行交互式编程；使用文件编辑方式则是先编写并保存代码，以后可以多次执行文件中的代码程序。

(5) 书写代码时必须遵循 Python 的语法要求，同时要善于利用 Python 编辑环境中的各种帮助功能，代码执行错误时应仔细阅读提示信息，查找并改正错误。

1.6　习　　题

1. 从 Python 官网下载并安装开发环境。

2. 熟悉 Python 的 IDLE 开发环境，如图 1-24 所示，在 Shell 窗口中练习交互式编程操作。

```
>>> print('Python is easy!')
Python is easy!
>>>
>>> import math
>>> x = 35
>>> y = math.sin(x) + 2 * x
>>> print(y)
69.57181733050385
>>> y = round(y, 2)
>>> print(y)
69.57
>>> help(round)
Help on built-in function round in module builtins:

round(number, ndigits=None)
    Round a number to a given precision in decimal digits.

    The return value is an integer if ndigits is omitted or None.  Otherwise
    the return value has the same type as the number.  ndigits may be negative.

>>>
```

图 1-24　在 Shell 窗口中输入 Python 语句

3. 在文件编辑窗口中，如图 1-25 所示，输入、保存并运行程序（注意 Python 代码中的缩进）。如果运行有错误，则仔细阅读错误提示，查找原因并改正错误。

```
# 文件名：chpt1-star.py
'''
This is an interesting program.
'''

import turtle as t
from random import randint, random

# define a function
def draw_star(points, size, col, x, y):
    t.penup()
    t.goto(x,y)
    t.pendown
    angle = 180 - (180/points)
    t.color(col)
    t.begin_fill()
    for i in range(points):
        t.forward(size)
        t.right(angle)
    t.end_fill()


# Main Code
t.Screen().bgcolor('dark blue')

while True:
    ranPts = randint(2,5) * 2 + 1
    ranSize = randint(10,50)
    ranCol = (random(),random(),random())
    ranX = randint(-350, 300)
    ranY = randint(-250, 250)

    draw_star(ranPts, ranSize, ranCol, ranX, ranY)
```

图 1-25　在文件编辑窗口中输入 Python 代码

Chapter 2 第 2 章

Python 语言基础

本章介绍 Python 语言中的变量、表达式、数据类型和内置函数等基本概念及其使用方法，它们是学习 Python 程序设计的基础。通过本章的学习，读者应可以编写简单的 Python 语句。

2.1 常量与变量

常量是指不需要改变也不能改变的字面值，例如数字常量 3、3.5。

变量是指其值可以改变的量。编写程序时，需要使用变量保存要处理的各种数据。例如，可以使用一个变量存放学生的姓名，使用另一个变量存放学生的年龄。

1. 变量的创建

变量通过赋值方式创建，并通过变量名标识。

【格式】

```
变量名=值
```

在 Shell 窗口中输入下列代码，可以创建名为 name 和 age 的变量，并将 name 赋值为 zhang san，将 age 赋值为 18。此后就可以通过变量的名称引用已定义的变量了。

```
>>> name = "zhang san"
>>> age = 18
>>> print(name)
zhang san
>>> print(age)
18
```

程序代码是按照书写顺序依次执行的，所有变量必须先定义后使用。如图 2-1 所示，没有定义 school 变量就直接使用它会输出报错信息。编写程序时要学会通过错误提示

```
>>> print(school)
Traceback (most recent call last):
  File "<pyshell#1>", line 1, in <module>
    print(school)
NameError: name 'school' is not defined
>>> |
```

图 2-1　代码错误提示

进行代码调试。

2. 变量的命名

变量的命名必须遵循以下规则。

① 必须以字母或下画线开头，不能以数字开头，其余部分可以是字母、下画线或者数字。

② 不能有空格和标点符号(如括号、引号、逗号、斜线、反斜线、冒号、句号、问号等)。

③ 不能使用 Python 的关键字、标识符、内置函数名等系统保留字。

④ Python 变量名对字母大小写敏感。例如，Name 和 name 是不同的变量。

变量名称应见名知意。例如，表示学生人数的变量可以定义为 students_number。推荐采用这种以下画线分割的命名方式。

关键字是指已被 Python 使用的标识符，用来表达特定的语义，不允许通过任何方式改变它们的含义。使用以下语句可以查看 Python 关键字。

```
>>> import keyword
>>> print(keyword.kwlist)
```

Python 中的关键字如图 2-2 所示。

False	None	True	and	as	assert	break	class	continue
def	del	elif	else	except	finally	for	from	global
if	import	in	is	lambda	nonlocal	not	or	pass
raise	return	try	while	with	yield			

图 2-2　Python 关键字

内置函数是 Python 解释器自带的函数，如果变量名与内置函数重名，则会覆盖函数原来的功能。使用以下语句可以查看 Python 的内置函数。

```
>>> dir(__builtins__)
```

图 2-3 列出了部分内置函数。

在代码编辑窗口中，关键字和函数名会显示为不同的颜色。

例如，下列变量名都是不合法的命名。

sum,1(变量名中不能有逗号)、3month(变量名中不能以数字开头)、x$2(变量名中不能有$)、and(Python 关键字不能作为变量名)。

3. 变量的存储

Python 语言中的变量存储的是其值在内存中的地址。赋值语句的执行过程是：首先把等号右侧表达式的值计算出来，然后在内存中寻找一个位置把值存放进去，最后创建变量并指向这个内存地址。变量的值是可以改变的。

以下代码使用 Python 的内置函数 id()查看对象的内存地址。

abs()	all()	any()	apply()	basestring()
bin()	bool()	buffer()	bytearray()	callable
chr()	classmethod()	cmp()	coerce()	compile()
complex	delattr()	dict()	dir()	divmod()
enumerate()	eval()	execfile()	file()	filter()
float()	format()	frozenset()	getattr()	globals()
hasattr()	hash()	help()	hex()	id()
input()	int()	intern()	isinstance()	issubclass()
iter()	len()	list()	locals()	long()
map()	max()	memoryview()	min()	next()
object()	oct()	open()	ord()	pow()
print()	property()	range()	raw_input()	reduce()
reload()	repr()	reversed()	round()	set()
setattr()	slice()	sorted()	staticmethod()	str()
sum()	super()	tuple()	type()	unichr()
unicode()	vars()	xrange()	zip()	_import()

图 2-3　部分内置函数

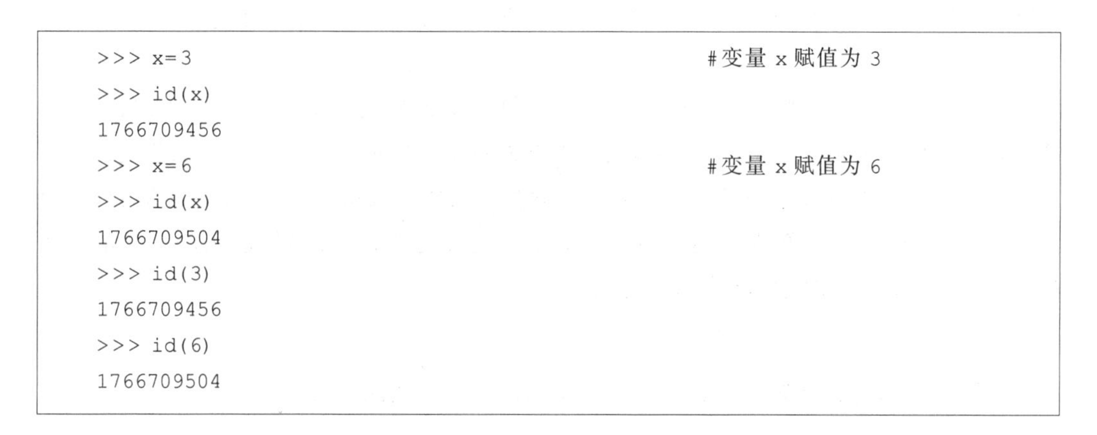

```
>>> x=3                                    #变量 x 赋值为 3
>>> id(x)
1766709456
>>> x=6                                    #变量 x 赋值为 6
>>> id(x)
1766709504
>>> id(3)
1766709456
>>> id(6)
1766709504
```

当变量 x 赋值为 3 时，x 的地址与 3 的地址相同；当变量 x 赋值为 6 后，x 的地址变为 6 的地址。变量 x 的存储如图 2-4 所示。

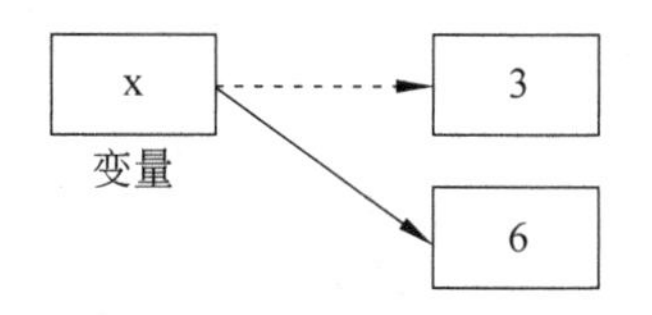

图 2-4　变量 x 的存储

【例 2-1】　假设一个员工每小时的工作薪酬为 50 元，每天工作 8 小时，每月工作 22 天，请计算其每月薪酬为多少？如果每小时的薪酬上调为 80 元，每月薪酬为多少？

```
>>> hourly_salary = 50
>>> month_salary = hourly_salary * 8 * 22
```

```
>>> print(month_salary)
8800
>>> hourly_salary = 80
>>> month_salary = hourly_salary * 8 * 22
>>> print(month_salary)
14080
```

2.2 运算符与表达式

Python 是面向对象的编程语言，对象由数据和行为组成，运算符是表示对象行为的一种形式，例如可以对数字对象进行加、减等操作。Python 语言支持算术运算符、关系运算符、逻辑运算符以及位运算符，并且还支持一些特有的运算符，如成员测试运算符、集合运算符、同一性测试运算符等。需要注意的是，有些运算符对于不同数据类型的对象具有不同的含义。

表达式是用运算符将变量、常量、函数等运算对象连接起来的式子，表达式经过运算会得到一个确定的值。在 Python 中，任何类型的单个对象或常数也属于合法表达式。

表达式中运算符优先级的规则为：算术运算符的优先级最高，其次是位运算符、成员测试运算符、关系运算符、逻辑运算符等。为了避免优先级错误，最好使用圆括号明确表达式的优先级，同时也能提高代码的可读性。

1. 算术运算符

常用的算术运算符如表 2-1 所示，其中的示例主要是数值运算。

表 2-1 算术运算符及其示例

符 号	说 明	示 例
+	加法	>>> 5+3 8
-	减法	>>> 5-3 2
*	乘法	>>> 5 * 3 15
/	除法	>>> 5/3 1.6666666666666667
//	求整商	>>> 5//3 1
%	求余数	>>> 5%3 2
**	幂运算	>>> 5**3 125

2. 关系运算符

关系运算符用来比较两个对象的值的大小，结果为布尔值(True，False)。关系运算符可以连用，例如，1<3<5 等价于 1<3 and 3<5。常用的关系运算符如表 2-2 所示。

表 2-2 关系运算符及其示例

符号	说明	示例
==	等于	>>> (5+3) == 8 True
!=	不等于	>>> (5+3) != 8 False
>	大于	>>> 5>3 True
<	小于	>>> 5<3 False
>=	大于或等于	>>> 5>=3 True
<=	小于或等于	>>> 5<=3 False

3. 逻辑运算符

逻辑运算符主要用于连接条件表达式，从而构成更复杂的表达式。逻辑运算符的运算结果为布尔值(True，False)。运算符 and 和 or 具有惰性求值的特点，连接多个表达式时只计算必须要计算的值。逻辑运算符及其示例如表 2-3 所示。

表 2-3 逻辑运算符及其示例

符号	说明	示例

and	逻辑与	>>> 5>3 and 3>2
		True
		>>> 5>3 and a>3
		NameError: name 'a' is not defined
		>>> 3>5 and a>3 #惰性求值，a>3 未执行
		False

or	逻辑或	>>> 5>3 or 3>5
		True
		>>> 3>5 or 2>3
		False

not	逻辑非	>>> not 3
		False
		>>> not 0
		True

4. 赋值运算符

赋值运算符如表 2-4 所示。

表 2-4 赋值运算符及其示例

符号	说　明	示　例
=	赋值运算符	c=a+b 表示将 a+b 的计算结果赋值给 c
+=	加法赋值运算符	c+=a 等价于 c=c+a，类似地，可以用"-=""*=""/="等进行赋值

5. 成员测试运算符

成员测试是指测试一个对象是否为另一个对象的元素，运算结果为布尔值(True，False)。成员测试运算符如表 2-5 所示。

表 2-5 成员测试运算符及其示例

符　号	说　明	示　例

in	判断是否为序列的元素	>>> 'on' in 'Python'
		True
		>>> 4 in [1,2,3]
		False

not in	判断是否不是序列的元素	>>> 'on' not in 'Python'
		False
		>>> 4 not in [1,2,3]
		True

6. 对象同一性测试符

同一性测试用来测试是否为同一个对象或内存地址是否相同，结果为布尔值(True，False)。同一性测试运算符如表 2-6 所示。

表 2-6 对象同一性测试符及其示例

符号	说　明	示　例
is	判断两个变量是否引用一个对象	x is y，如果 id(x)等于 id(y)，则返回 True
is not	判断两个变量是否引用不同对象	x is not y，如果 id(x)不等于 id(y)，则返回 True

7. 位运算符

位运算符只能用于整数，它可以将整数转换为二进制数，然后按位运算，最后把计算结果转换为十进制数。位运算符如表 2-7 所示。

表 2-7 位运算符及其示例

符号	说明	示例
&	按位与	>>> 3&2 2
|	按位或	>>> 3|2 3
^	按位异或	>>> 3^2 1
~	按位取反	>>> ~3 -4
<<	左移位	>>> 3<<2 12
>>	右移位	>>> 8>>2 2

2.3 数据类型

人能够很容易地区分数字、字符并进行计算或者字符处理，但计算机不能自动区分它们，编写程序时需要以特定的形式告诉计算机存储的是数字还是字符。数据类型用来解决不同形式的数据在程序中的表达、存储和操作问题。Python 支持的基本数据类型包括数字、字符串、列表、元组、字典、集合。使用 type()函数可以查看对象的数据类型。

对象是 Python 语言中最基本的概念，在 Python 中处理的一切都是对象，每个对象都有其数据类型，除基本数据类型外，还包括文件、可迭代对象等。不同类型的对象可以存储不同形式的数据，支持不同的操作。

Python 采用基于值的内存管理模式，变量中存储了值的内存地址或者引用，因此随着变量值的改变，变量的数据类型也可以动态改变，Python 解释器会根据赋值结果自动推断变量类型。

2.3.1 数字

Python 中内置的数字类型有整型(int)、浮点型(float)、复数型(complex)。

1. 整型

所有整数都属于整型，包括正整数和负整数，不能带有小数点。Python 3 中的整型数是没有大小限制的。

```
>>> age = 20
>>> type(age)                                    #查看 age 的数据类型
<class 'int'>
```

2. 浮点型

浮点型由整数部分和小数部分组成，浮点型也可以使用科学计数法表示。

```
>>> type(0.3)
<class 'float'>
>>> type(1e-6)
<class 'float'>
```

3. 复数型

复数由实数部分和虚数部分构成，复数的实部和虚部都是浮点型。

```
>>> x=3+4j
>>> type(x)
<class 'complex'>
>>> x.imag                                    #x 的虚部
4.0
>>> x.real                                    #x 的实部
3.0
```

如果需要在数字类型之间转换，则可以使用表 2-8 所示的类型转换函数。

表 2-8　数字类型转换函数

函　　数	说　　明
int(x)	将 x 转换为一个整数
float(x)	将 x 转换为一个浮点数
complex(x)	将 x 转换为一个复数，实数部分为 x，虚数部分为 0
complex(x,y)	将 x 和 y 转换为一个复数，实数部分为 x，虚数部分为 y

4. 布尔型

布尔型只有 True 和 False 两个值，对应 1 和 0，主要用于逻辑判断。

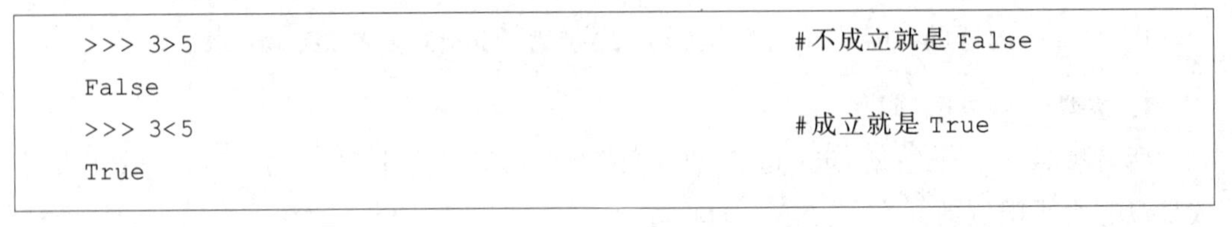

```
>>> 3>5                                       #不成立就是 False
False
>>> 3<5                                       #成立就是 True
True
```

【例 2-2】　定义一个 3 位自然数的变量，计算并输出其百位、十位和个位上的数字。

```
>>> number = 123
>>> a = number // 100
```

```
>>> b = number // 10 % 10
>>> c = number % 10
>>> print(a,b,c)
1 2 3
```

2.3.2　字符串

字符串的本质是字符序列，在 Python 中用引号括起来的一个或一串字符就是字符串。这里的引号称为定界符，包括单引号(')、双引号(")、三单引号(''')、三双引号("""),不同形式的引号可以嵌套，但是最外层作为定界符的引号必须配对，即必须使用同一种引号形式。三引号主要用于表示多行文本。

```
>>> name = 'Linda'
>>> type(name)
<class 'str'>
>>> phone = "123456"                          #字符串类型
>>> type(phone)
<class 'str'>
>>> phone = 123456                            #数字类型
>>> type(phone)
<class 'int'>
>>> str1 = '''
Hello everyone!
Hello world!
'''
>>> str2 = "I'm 18 years old."                #引号嵌套
```

Python 3 中的字符默认为 Unicode 编码，它可以表示世界上任何书面语言的字符，包括中文。在 Python 3 中，中英文字符的比较都是按照 Unicode 编码进行的，其中英文字符等同于按 ASCII 码值比较。

使用函数 ord()可以把字符转换成对应的 Unicode 码，使用函数 chr()可以把 Unicode 码转换成对应的字符。

```
>>> 'a' > 'c'
False
>>> ord('a')                                  #字符转换成对应的 Unicode 码
97
>>> ord('c')
99
>>> chr(65)                                   #Unicode 码转换成对应的字符
'A'
```

```
>>> 'a' == 'A'
False
>>> '东' > '西'
False
>>> 'his' > 'hat'                              #顺序比较对应位置的字符
True
>>> 'hat' > 10                                 #报错:不同类型的对象不能进行比较
TypeError: '>' not supported between instances of 'str' and 'int'
```

字符串对象的具体操作请参见第 4 章。

2.3.3 列表、元组、字典和集合

列表、元组、字典、集合和字符串都是 Python 中常用的序列数据结构，很多复杂的程序设计都要使用这些数据结构。

序列结构的特点如表 2-9 所示，不同的序列对象使用不同的定界符或元素形式表示。有序的序列结构支持索引访问；序列结构可变，表示其元素是可以修改的。这些对象类型的详细介绍和使用请参见第 4 章。

表 2-9 列表、元组、字典和集合的特点

类型	定界符	是否可变	是否有序	访问方式	示例
列表	方括号“[]”，元素用逗号分隔	是	是	索引、切片	x_list=[1,2,3]
元组	圆括号“()”，元素用逗号分隔	否	是	索引、切片	x_tuple=(1,2,3)
字典	大括号“{}”，元素形式为“键:值”，元素用逗号分隔	是	否	按键访问	x_dict={'a':1, 'b':2, 'c':3}
集合	大括号“{}”，元素用逗号分隔	是	否	无	x_set={1,2,3}

2.4 内置函数

函数是一段封装好的、可以实现某种特定功能的 Python 程序，用户不用关心程序的实现细节，通过函数名及其参数直接调用即可。

Python 内置了丰富的函数资源，可以用来进行数据类型转换与类型判断、统计计算、输入/输出操作、排序操作、处理序列数据等，使用以下语句可以查看这些内置函数(built-in function)。

```
>>> dir(__builtins__)
```

附录 A 列出了常用的内置函数及其说明。

内置函数可以在程序中直接调用。

【格式】

```
函数名(参数 1, 参数 2, ……)
```

说明：

- 调用函数时，函数名后必须加一对圆括号“( )”；
- 函数通常都有一个返回值，表示调用的结果；
- 不同函数的参数个数不同，有的是必选的，有的是可选的；
- 函数的参数值必须符合要求的数据类型；
- 函数可以嵌套调用，即一个函数可以作为另一个函数的参数。

```
>>> name = 'Linda'
>>> type(name)                              #查看对象数据类型的函数
<class 'str'>
>>> price = 32.58
>>> round(price, 1)                         #四舍五入函数:保留 1 位小数
32.6
>>> int(price)                              #数据类型转换函数:浮点数转换为整数
32
```

使用 help()函数可以查看某个对象的联机帮助信息。

```
>>> help(round)                             #查看 round()函数的帮助信息
Help on built-in function round in module builtins:

round(number, ndigits=None)
    Round a number to a given precision in decimal digits.

    The return value is an integer if ndigits is omitted or None.  Otherwise
    the return value has the same type as the number.  ndigits may be negative.
```

2.5 基本输入/输出

程序执行过程中常常需要进行人机交互，如通过键盘输入数据或者输出程序的执行结果等。Python 中可以使用 input()函数接收键盘的输入，使用 print()函数输出信息。

1. 输入函数 input()

【语法】

```
input(prompt)
```

说明：

- 参数 prompt 为字符串类型，表示屏幕上显示的提示信息，该参数是可选的；
- input()函数从键盘接收的任何输入都默认是字符串类型；如果输入的是数字，则需要使用 int()或 float()函数将其转换为真正的数字类型。

```
>>> a = input("Please input: ")
Please input: 123
>>> a
'123'
>>> type(a)
<class 'str'>
>>> a = int(a)
>>> a
123
>>> type(a)
<class 'int'>
```

【例 2-3】 使用 input 语句从键盘输入名字，显示“Hello XXX”形式的问候语。

```
>>> name = input('Please input your name: ')
Please input your name: Alice
>>> 'Hello ' + name
'Hello  Alice'
```

【例 2-4】 使用 input 语句从键盘输入两个整数，计算这两个数字之和。

```
>>> num1 = int(input('num1: '))                    #将输入的数据转换为整数
num1: 10
>>> num2 = int(input('num2: '))
num2: 20
>>> num1 + num2
30
```

2. 输出函数 print()

【语法】

```
print(value, ..., sep=' ', end='\n', file=sys.stdout)
```

说明：

- value：输出的值，可以有多个；当输出多个值时，需要用英文逗号分隔。
- sep：输出结果中各个值之间的分隔符，默认为空格。
- end：输出数据之后以什么结尾，默认为换行符。

• file：输出位置，默认为标准控制台（屏幕）。

```
>>> a = 'www'
>>> b = 163
>>> c = 'com'
>>> print(a, b, c)                                  #输出多个对象
www 163 com
>>> print(a, b, c, sep='.')                         #设置 sep 分隔符
www.163.com
>>> print(a, end=',')                               #end 指定结尾符
www,
```

使用 print()函数还可以输出格式化的字符串。

(1)使用“%”运算符设置格式

【格式】

```
格式化字符串 % (参数)
```

格式化字符串是一个输出格式的模板，模板中使用格式符作为占位符（即替换域）指明该位置上的实际值的数据格式，需要格式化的参数与模板中的格式符一一对应，执行结果就是将参数值代入格式化字符串，并按指定的格式符设置数据格式，最终得到一个新的字符串。格式符及其含义如表 2-10 所示。

表 2-10　格式符及其含义

符　号	描　述
%c	格式化单个字符
%s	格式化字符串
%d	格式化整数
%u	格式化无符号整数
%o	格式化无符号八进制数
%x	格式化无符号十六进制数
%X	格式化无符号十六进制数（大写）
%f	格式化浮点数字，可指定小数点后的精度
%e	用科学记数法格式化浮点数
%E	作用同%e，用科学记数法格式化浮点数
%g	%f 和%e 的简写
%G	%f 和%E 的简写
%%	一个字符%

使用方法如下。

```
>>> s = 'Python'
>>> score = 85.2
>>> print('the score of %s is %d' % (s, score))      #格式化输出
the score of Python is 85
```

上述 print()函数使用了格式化字符串，并设置了两个格式符，“%s”表示该位置是一个字符串，“%d”表示该位置是一个整数，s 和 score 两个参数分别与“%s”和“%d”相对应，即 s 被格式化为字符串，score 被格式化为整数。

(2) 使用 format 方法设置格式

【格式】

```
格式化字符串.format(参数)
```

在 format 方法中，格式化字符串的作用也是一个输出格式的模板，模板中使用大括号“{}”作为占位符(即替换域)指明该位置上的实际值的数据格式。

大括号内可以使用数字编号(从 0 开始)或关键字对应参数；否则，大括号的个数和位置顺序必须与参数一一对应。

```
>>> print('{} {}'.format('hello','world'))
hello world
>>> print('{0} {1}'.format('hello','world'))            #使用数字编号
hello world
>>> print('{0} {1} {0}'.format('hello', 'world'))       #编号对应参数位置
hello world hello
>>> print('{a} {b}'.format(b='hello', a='world'))       #使用关键字
world hello
```

format 方法提供了更强大的格式输出功能，在大括号内的数字编号后面，可以加详细的格式定义。数字编号和格式定义之间用英文冒号“:”分隔，格式定义形式为

```
[对齐说明符][符号说明符][最小宽度][.精度][格式符]
```

对齐说明符和符号说明符及其含义如表 2-11 所示，最小宽度和精度均为整数。

表 2-11 对齐说明符和符号说明符及其含义

符号		描述
对齐说明符	<	左对齐，默认用空格填充右边
	>	右对齐
	^	中间对齐

续表

符号		描述
符号说明符	+	总是显示符号,即数字的正负符号
	−	负数显示−
	空格	若是正数,前边保留空格,负数显示−

使用方式如下。

```
#第 1 个参数格式:左对齐、宽度为 10、字符串格式
#第 2 个参数格式:右对齐、宽度为 10、字符串格式
>>> print('{:<10s} and {:>10s}'.format('hello','world'))
hello      and      world
>>> print('{0:+}, {1:+}'.format(3.14, -3.14)) #总是显示正负号
+3.14, -3.14
>>> x = 4.123
>>> y = 7.158
>>> print('x={0}, y={1:.2f}'.format(x, y))     #y 为浮点数(保留 2 位小数)
x=4.123, y=7.16
```

(3) 使用格式化的字符串常量

格式化的字符串常量(formatted string literals,f-strings)使用“f”或“F”作为前缀,表示格式化设置。f-strings 方式只能用于 Python 3.6 及其以上版本,它与 format 方法类似,但形式更加简洁。例如:

```
print('x={0}, y={1:.2f}'.format(x, y))
```

可以表示为

```
print(f'x={x}, y={y:.2f}')
```

2.6 模块的使用

模块是 Python 编程中的一个基本构建块,可以包含一组函数、对象及其方法。Python 中有各种不同类型的模块,为 Python 提供了丰富的功能以及灵活而便捷的使用方式,使得开发者可以轻松地利用现有代码,提高了开发效率。这些模块包括以下三种。

- 标准库中的模块:是 Python 语言内置的模块,提供了许多通用功能,是 Python 编程的基础,如 math、random、os 等。
- 第三方库中的模块:是由 Python 社区的其他用户或组织开发的模块,需要通过包管理工具进行安装;这些模块可以扩展 Python 的功能,通常用于解决特定的问题或者提供特定的功能,如第 7、8、9 章要学习的 numpy、pandas、matplotlib 等。

• 用户自定义模块：是用户根据自己的需求创建的模块，通常是特定于某个项目或为解决某个特定问题而编写的。

这些模块必须通过import语句导入当前程序后才能使用，有以下几种导入方式。

(1) import

直接通过import导入的模块可以在当前程序中使用该模块的所有内容，但是在使用模块中的某个具体函数时，需要在函数名之前加上模块的名字。使用方式为“模块名.函数名”。

```
>>> import math                          #导入math模块
>>> math.sin(0.5)                        #使用math模块中的sin()函数
0.479425538604203
>>> math.cos(0.5)
0.8775825618903728
```

(2) from … import …

如果在程序中只需要使用模块中的某个函数，则可以用关键字from导入，这种导入方式可以在程序中直接使用函数名。

```
>>> from math import sin, cos            #导入math模块中的sin、cos函数
>>> sin(0.5)
0.479425538604203
>>> cos(0.5)
0.8775825618903728
```

(3) from … import … as …

在导入模块或者某个具体函数时，如果出现同名的情况或者为了简化名称，则可以使用关键字as为模块或者函数定义一个别名。

```
>>> from math import sin as ms
>>> ms(0.5)
0.479425538604203
```

【例2-5】 使用random模块中的函数进行随机选择操作。

```
>>> from random import choice
>>> direction = choice(['N','S','E','W'])
>>> print(direction)                          #每次的执行结果都不同
W
```

2.7　语言基础综合应用

【例2-6】　使input语句输入一个年份，并判断这个年份是否为闰年。

```
>>> year = int(input('year = '))
year = 2021
>>> (year % 4 == 0 and year % 100 != 0) or (year % 400 == 0)
False
```

【例2-7】　使用input语句输入x，计算并显示下列表达式的值，结果保留2位小数。

$$\sin x+2\sqrt{x+e^4}-(x+1)^3$$

```
#文件名:chpt2-7.py
import math
x = input('input x: ')
x = float(x)
y = math.sin(x) + 2 * math.sqrt(x + math.exp(4)) - pow((x + 1), 3)
y = round(y, 2)
print('y =', y)
```

【例2-8】　使用input语句输入圆的半径并计算圆的面积，结果保留2位小数。

```
#文件名:chpt2-8.py
import math
r = input('请输入半径: ')
r = float(r)
s = math.pi * pow(r, 2)
print('圆的面积:{:.2f}'.format(s))
```

2.8　本章小结

本章介绍了Python语言的基础知识，建立了计算机编程的基本概念。主要内容如下。

(1) 变量是计算机编程中的一个重要概念，它用来保存程序执行过程中的各种信息，并通过变量名访问变量。变量名可以包括字母、下画线或者数字，但不能以数字开头，也不能用Python的关键字、标识符、内置函数名等作为变量名。

(2) Python是一种动态类型的语言，变量的值可以改变，数据类型也可以动态改变。

(3) Python支持算术运算符、关系运算符、逻辑运算符以及位运算符，还支持成员测试运算符、集合运算符、同一性测试运算符等特殊运算符。运算符对于不同数据类型的对象具有不同的含义。使用圆括号可以改变表达式的优先级。

（4）数据类型用来定义数据的类别以及可以进行的操作。Python 3 支持的基本数据类型包括数字、字符串、列表、元组、字典和集合等。不同类型的对象可以存储不同形式的数据，支持不同的操作。

（5）Python 中使用 input()函数接收键盘的输入，使用 print()函数输出信息。input()函数接收的输入都作为字符串。print()函数可以输出格式化的字符串。

（6）Python 标准库和第三方扩展库中的对象需要使用 import 语句导入后才能使用，需要注意不同 import 语句形式下函数的使用方法。

2.9 习　题

1. 给定正方形的边长，计算并输出正方形的周长和面积。

2. 设 a=2，b=3，x=5，计算并输出表达式 cos(a(x+1)+b)/2 的值。

3. 使用 input 语句从键盘输入两个数，然后交换这两个数的值并输出交换结果。

4. 使用 input 语句从键盘输入三角形的三边长，计算三角形的面积并输出计算结果。要求：边长为浮点数，结果保留 2 位小数。

Chapter 3

第3章 程序控制结构

程序从主体上说都是顺序执行的，例如第2章中的程序都是按照语句的先后顺序依次执行的。但现实世界中的处理逻辑会更加复杂，因此在多数情况下，需要让程序在总体顺序执行的基础上，根据所要实现的功能选择执行一些语句而不执行另外一些语句，或者反复执行某些语句。本章学习编程中常用的选择结构和循环结构，从而实现较为复杂的程序逻辑。

3.1 选择结构

选择结构也称为分支结构，它根据条件表达式是否成立（True 或 False）决定下一步的执行语句。

在 Python 中，表达式的值只要不是 False、0（或 0.0、0j 等）、空值（None）、空对象，Python 解释器均认为其与 True 等价，也就是说，所有 Python 合法表达式（算术表达式、关系表达式、逻辑表达式等，包括单个常量、变量或函数）都可以作为条件表达式。

选择结构分为单分支结构、多分支结构、嵌套分支结构等多种形式。

1. 单分支结构

【格式】

```
if 条件表达式:
    语句块
```

单分支结构中只有一个条件，其代码执行逻辑如图 3-1 所示。如果条件表达式的值为 True，则表示条件满足，执行语句块；否则不执行语句块。语句块中可以包含多条语句。

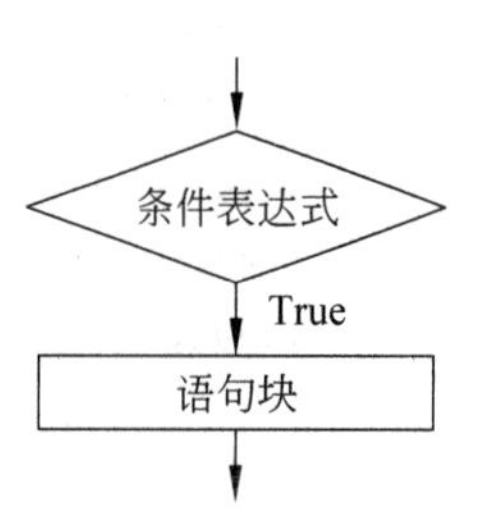

图 3-1 单分支结构的程序流程图

【注意】

- Python 程序是依靠代码块的缩进体现代码之间的逻辑关系的。行尾的冒号表示缩进的开始，缩进结束就表示一个代码块结束了。整个 if 结构就是一个复合语句。
- 同一级别的语句块的缩进量必须相同。

2. 双分支结构

【格式】

```
if 条件表达式:
    语句块 1
else:
    语句块 2
```

双分支结构可以表示两个条件，其代码执行逻辑如图 3-2 所示。如果条件表达式的值为 True，则执行语句块 1；否则执行语句块 2。

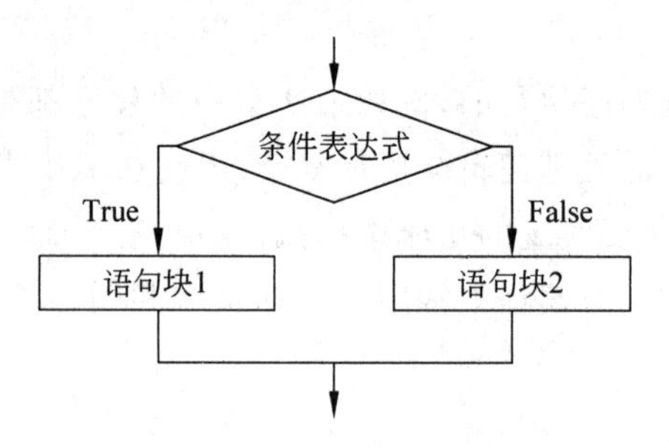

图 3-2 双分支结构的程序流程图

【例 3-1】 输入一个整数，判断奇偶数。

```
#文件名:chpt3-1.py
x = int(input("x="))
if x%2 == 0:
    print("偶数")
else:
    print("奇数")
```

3. 多分支结构

【格式】

```
if 条件表达式 1:
    语句块 1
elif 条件表达式 2:
    语句块 2
elif 条件表达式 3:
    语句块 3
…
[else:
    语句块 n]
```

多分支结构可以表示多个条件，其代码执行逻辑如图 3-3 所示，else 部分是可选的。

如果条件表达式1的值为True,则执行语句块1;如果条件表达式1的值为False,但条件表达式2的值为True,则执行语句块2;如果条件表达式1和条件表达式2的值都为False,但条件表达式3的值为True,则执行语句块3,以此类推;如果所有表达式的值都为False,且存在else部分,则执行语句块n。

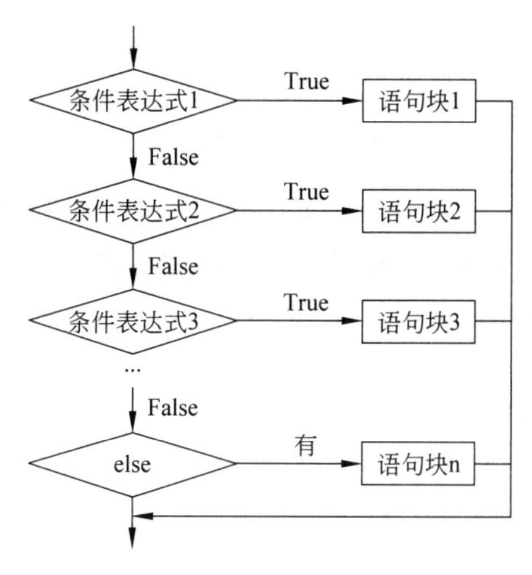

图3-3 多分支结构的程序流程图

【例3-2】 根据输入的成绩,使用多分支结构判断成绩等级:80～100分为"A";60～79分为"B";60分以下为"C"。如果分数大于100或者小于0,则报错。

```
#文件名:chpt3-2.py
score = int(input('请输入成绩:'))
if score > 100 or score < 0:
    result = '输入错误,成绩必须在0~100。'
elif score >= 80:
    result = 'A'
elif score >= 60:
    result = 'B'
else:
    result = 'C'
print('成绩等级:' + result)
```

【例3-3】 猜数字游戏。程序首先生成一个100以内的随机数,然后由玩家竞猜,程序输出竞猜的结果。

```
#文件名:chpt3-3.py
from random import randint
x = randint(0,100)                                                    #生成随机数
guess_number=int(input("Please input a number between 0~100:"))   #玩家猜数
```

```
if guess_number == x:
    print('Bingo!')
elif guess_number > x:
    print('Too large!')
else:
    print('Too small!')
```

4. 嵌套分支结构

多分支结构也可以使用嵌套分支结构实现。以下程序格式就是一个嵌套分支结构，外层的 if 块中嵌套了一个 if-else 结构，外层的 else 块中嵌套了一个 if 结构。注意：代码的逻辑级别是通过代码的缩进量控制的，同一级别的语句块的缩进量必须相同。

```
if 条件表达式 1:
    语句块 1
    if 条件表达式 2:
        语句块 2
    else:
        语句块 3
else:
    if 条件表达式 4:
        语句块 4
```

【例 3-4】 从键盘输入 3 个整数，求其中的最大数。

```
#文件名:chpt3-4.py
a = int(input('number1: '))
b = int(input('number2: '))
c = int(input('number3: '))
if a > b:
    n_max = a
    if c > n_max:
        n_max = c
else:
    n_max = b
    if c > n_max:
        n_max = c
print('max: ', n_max)
```

3.2 循环结构

循环结构是指在一定条件下重复执行某段代码的程序控制结构。其中，被重复执行的代码块称为循环体，判断是否继续执行的条件称为循环终止条件。

Python 中的循环语句有 while 语句和 for 语句两种格式。

3.2.1　while 语句

while 语句通过条件表达式建立循环。

【格式】

```
while 条件表达式:
    循环体
```

while 语句的执行流程如图 3-4 所示。当条件表达式的值为 True 时，执行循环体的语句，循环体中可以包含多条语句，这些语句都会被重复执行。

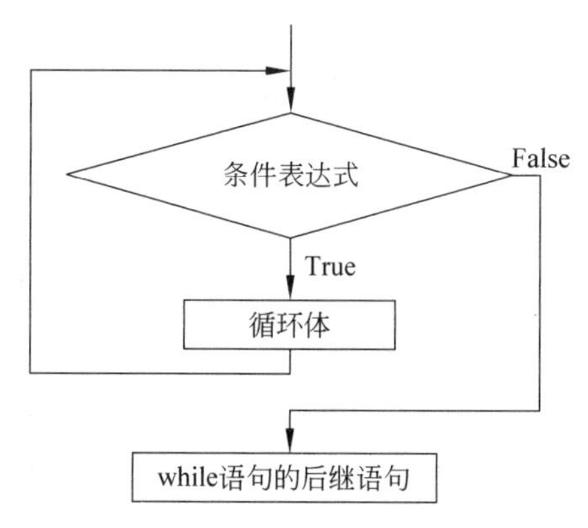

图 3-4　while 语句的程序流程图

【注意】　while 语句中必须有改变循环条件的语句，否则会进入死循环。

【例 3-5】　用 while 语句实现累加求和，计算 1+2+3+…+10 的值。

```
#文件名:chpt3-5.py
total = 0                              #存放求和结果,初值为 0
i = 1
while i <= 10:                         #i 也作为循环变量,控制循环条件的改变
    total = total + i
    i = i + 1                          #更新循环变量
print('total = ', total)
```

本例的 while 语句中，通过变量 i 控制循环条件的改变。

【例 3-6】　猜数字游戏。利用 while 语句实现连续猜 5 次的功能。

```
#文件名:chpt3-6.py
from random import randint
x=randint(0,100)
i = 0
```

```
while i<5:
    guess = int(input("Please input a number between 0~100:"))
    if guess == x:
        print('Bingo!')
    elif guess > x:
        print('Too large!')
    else:
        print('Too small!')
    i = i + 1
```

3.2.2　for 语句

for 语句通过遍历序列或可迭代对象建立循环。序列可以是字符串、列表、元组、字典等对象。

【格式】

```
for 变量 in 序列或迭代对象:
    循环体
```

for 语句的执行流程如图 3-5 所示。for 语句依次从序列或可迭代对象中取出一个元素并赋值给变量，然后执行循环体代码，直到序列或可迭代对象为空。

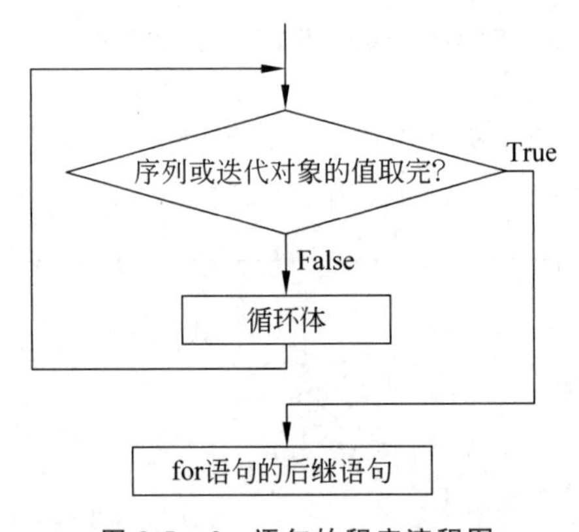

图 3-5　for 语句的程序流程图

例如，使用 for 语句遍历学生名单列表，打印每一个元素。

```
>>> student_names = ['zhang', 'li', 'wang', 'zhao']
>>> for name in student_names:
        print(name)

zhang
li
```

```
wang
zhao
```

本例中，从 student_names 列表中依次取出每一个元素并赋值给变量 name，然后循环执行 print 语句。可见，使用 for 语句处理列表时，程序会自动迭代列表对象，不需要定义和控制循环变量，代码更简洁。

使用 range()函数可以产生一个可迭代对象。

【语法】

```
range(start, stop, step)
```

功能：以 step 为步长产生一个从 start 到 stop 的整数序列。

说明：

- start：序列的起始值，默认为 0。例如：range(5)等价于 range(0, 5)。
- stop：序列的终止值(注意：生成的序列中不包括 stop)。例如：range(0, 5)产生的序列是“0, 1, 2, 3, 4”，不包括 5。
- step：序列的步长，默认为 1。例如：range(0, 5)等价于 range(0, 5, 1)。step 可以为负数，表示一个递减序列，此时的 start 值必须大于 stop 值。

```
>>> range(5)                                    #返回的是一个 range 对象
range(0, 5)
>>> type(range(5))
<class 'range'>
>>> for i in range(5):                          #查看 range 对象的内容
        print(i, end=",")

0,1,2,3,4,
>>> for i in range(0,5,2):
        print(i, end=",")

0,2,4,
>>> for i in range(0, -10, -1):                 #步长为负数
        print(i, end=",")

0,-1,-2,-3,-4,-5,-6,-7,-8,-9,
```

【例 3-7】 用 for 语句实现累加求和，计算 1+2+3+…+10 的值。

```
#文件名:chpt3-7.py
total = 0
for i in range(1,11):
```

```
    total += i
print(total)
```

【例 3-8】 猜数字游戏。用 for 语句实现连续猜 5 次的功能。

```
#文件名:chpt3-8.py
from random import randint
x = randint(0,100)
for i in range(5):
    guess = int(input("Please input a number between 0~100:"))
    if guess == x:
        print('Bingo!')
    elif guess > x:
        print('Too large!')
    else:
        print('Too small!')
```

3.2.3 break、continue 和 else 语句

在循环结构中，还可以使用 break、continue 和 else 等语句控制循环过程或处理循环结束后的工作。

1. break 和 continue 语句

在循环过程中，有时可能需要提前跳出循环，或者跳过本次循环的剩余语句以提前进行下一轮循环，在这种情况下，可以在循环体中使用 break 语句或 continue 语句，如图 3-6 所示。

说明：

- 如果存在多重循环，则 break 语句只能跳出自己所属的那层循环。
- break 语句和 continue 语句通常与 if 语句配合使用。

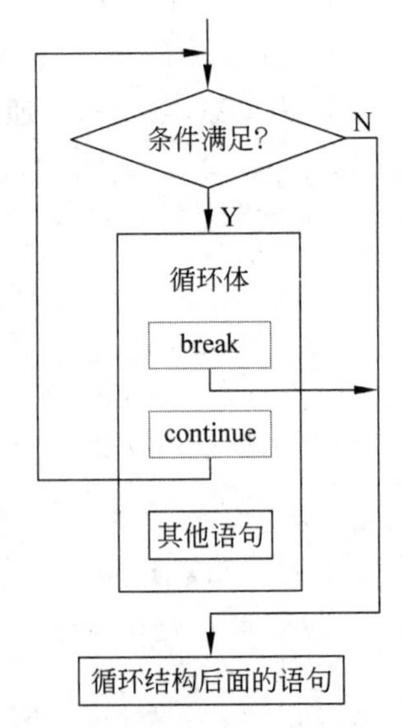

图 3-6　带有 break 和 continue 语句的程序流程图

【例 3-9】 循环读取并打印 10 个数字，遇到数字 5 时终止打印。

```
#文件名:chpt3-9.py
for i in range(10):
    if i==5:
        break
    print(i,end=',')                          #输出结果:0,1,2,3,4,
```

【例 3-10】　循环读取并打印 10 个数字,遇到数字 5 时跳过不打印。

```
#文件名:chpt3-10.py
for i in range(10):
    if i==5:
        continue
    print(i,end=',')                                    #输出结果:0,1,2,3,4,6,7,8,9,
```

2. else 语句

while 语句和 for 语句的后边还可以带有 else 语句,用于处理循环结束后的"收尾"工作。else 语句的使用格式如下。

```
for 变量 in 序列或迭代对象:
    循环体
else:
    else 子句代码块
```

```
while 条件表达式:
    循环体
else:
    else 子句代码块
```

else 子句是可选的。如果有 else 子句,则当循环因为条件表达式不成立或序列遍历完毕而自然结束时,就会执行 else 子句的代码。如果有 else 子句,但是循环是因为执行了 break 语句而导致提前结束的,则不会执行 else 子句的代码。

【例 3-11】　猜数字游戏。允许玩家控制竞猜的次数,如果玩家不想继续竞猜则可以退出。

```
#文件名:chpt3-11.py
from random import randint
x = randint(0,100)
play_choice = 'y'
while play_choice == 'y':
    guess = int(input("Please input a number between 0~100:"))
    if guess == x:
        print('Bingo!')
        break
    elif guess > x:
        print('Too large!')
    else:
        print('Too small!')
    print('Input y if you want to continue')
    play_choice = input()
else:
    print('Goodbye!')
```

例 3-6 和例 3-8 分别用 while 语句和 for 语句实现了连续猜 5 次的功能。本例没有通过代码限定竞猜的次数，而是由用户控制，如果输入不是“y”，则结束循环，程序更灵活。

3.2.4　嵌套的循环结构

循环语句可以嵌套使用，即在一个循环(外层循环)内嵌入另一个循环(内层循环)，由此构成多重循环，其结构如图 3-7 所示。for 循环和 while 循环可以相互嵌套。

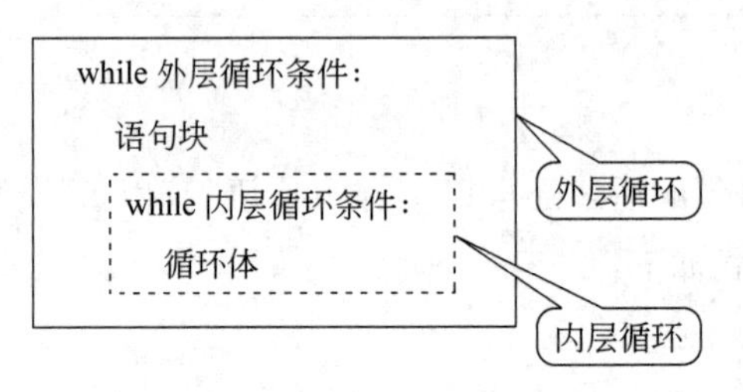

图 3-7　嵌套的循环结构

如果外层循环执行 n 次，内层循环执行 m 次，则整个循环需要执行 n×m 次。

【例 3-12】　猜数字游戏。每一个数字可以连续猜 5 次，每人可以连续猜 3 个数字。

```
#文件名:chpt3-12.py
from random import randint
for i in range(3):                                    #控制竞猜的轮次
    print('*** 猜第{0}个数 ***'.format(i+1))
    x = randint(0,100)
    for j in range(5):                                #控制一轮的竞猜次数
        guess = int(input("Please input a number between 0~100: "))
        if guess == x:
            print('Bingo!')
            break
        elif guess > x:
            print('Too large!')
        else:
            print('Too small!')
  print('第{0}次竞猜结束'.format(i+1))
```

3.3　程序控制结构综合应用

【例 3-13】　对于－100～100 内的 10 个随机整数，求出其中的最大值和最小值。

```
#文件名:chpt3-13.py
from random  import randint
```

```
for i in range(10):
    num = randint(-100, 100)
    print(num, end=' ')                              #在同一行输出 10 个数
    if i == 0:
        n_max = num
        n_min = num
    if num > n_max:
        n_max = num
    if num < n_min:
        n_min = num

print()                                              #换行
print('最大值:', n_max)
print('最小值:', n_min)
```

【例 3-14】 连续输入 5 名学生的成绩,计算并输出平均分。

```
#文件名:chpt3-14.py
total = 0
for i in range(5):
    x = input('请输入成绩:')
    total = total + float(x)                         #求和

avg = total / 5                                      #计算平均分
print('平均成绩: {:.2f}'.format(avg))
```

【例 3-15】 连续输入 5 名学生的成绩,如果输入值小于 0,则提示输入错误,重新输入,然后计算并输出平均分。

```
#文件名:chpt3-15.py
n = 0
total = 0
while n < 5:
    x = input('请输入成绩:')
    if float(x) < 0:
        print('成绩不能小于 0,请重新输入!')
        continue                                     #若成绩小于 0,则重新输入
    total = total + float(x)                         #求和
    n = n + 1                                        #计数

avg = total / n                                      #计算平均分
print('平均成绩: {:.2f}'.format(avg))
```

【例 3-16】 打印九九乘法表,如图 3-8 所示。

```
1×1=1
2×1=2  2×2=4
3×1=3  3×2=6   3×3=9
4×1=4  4×2=8   4×3=12  4×4=16
5×1=5  5×2=10  5×3=15  5×4=20  5×5=25
6×1=6  6×2=12  6×3=18  6×4=24  6×5=30  6×6=36
7×1=7  7×2=14  7×3=21  7×4=28  7×5=35  7×6=42  7×7=49
8×1=8  8×2=16  8×3=24  8×4=32  8×5=40  8×6=48  8×7=56  8×8=64
9×1=9  9×2=18  9×3=27  9×4=36  9×5=45  9×6=54  9×7=63  9×8=72  9×9=81
```

图 3-8 九九乘法表

```
#文件名:chpt3-16.py
for i in range(1, 10):
    for j in range(1, i+1):
        print('{0}*{1}={2}'.format(i,j,i*j), end='  ')
    print()                                      #换行
```

本例使用了嵌套的循环结构,外层循环变量 i 用于控制行数,共 9 行;内层循环变量 j 用于控制每行显示的列数,列数等于当前的行数。

3.4 本章小结

本章介绍了 Python 程序控制结构,主要内容如下。

(1) 程序从主体上说都是顺序的,一条语句执行完之后会自动执行下一条语句。但在很多情况下,还需要在总体顺序执行的基础上,根据程序要实现的功能选择一些语句执行或者反复执行某些语句,此时需要使用选择结构或循环结构。

(2) 选择结构使用 if 语句,根据条件表达式是否成立决定下一步的执行语句。

(3) 循环结构使用 while 语句或 for 语句,在一定条件下重复执行某段程序。while 语句通过条件表达式建立循环;当条件表达式的值为 True 时执行循环体语句。for 语句通过遍历序列或可迭代对象建立循环。

(4) 在循环结构中,使用 break 语句可以跳出其所属层次的循环体;使用 continue 语句可以跳过本次循环的剩余语句,然后继续进行下一轮循环。

(5) 循环结构的最后可以带有 else 语句,用来处理循环结束后的工作。如果是因为执行了 break 语句而提前结束循环,则不会执行 else 语句。

(6) 选择结构和循环结构可以嵌套使用。Python 语言通过缩进体现代码的逻辑关系,同一个语句块必须保证相同的缩进量。

3.5 习　　题

1. 给定变量 x,根据分段函数计算并输出 y 的值。

$$y=\begin{cases}x^2, & x<0\\3x-5, & 0\leqslant x<5\\0.5x-2, & x\geqslant 5\end{cases}$$

2. 给定身高和体重,计算成年人的 BMI 指数,根据该指数判断体重的分类(过轻、正常、超重、肥胖)。

BMI(Body Mass Index,身体质量指数)是国际常用的衡量人体肥胖程度和是否健康的重要标准,计算公式为 BMI=体重/身高的平方(单位: kg/m^2)。成年人 BMI 数值的定义为: 过轻(低于 18.5),正常(18.5～23.9),过重(24～27.9),肥胖(高于 28)。

3. 给定三角形的三边长,先判断这三条边是否可以构成三角形。如果可以,则计算三角形的面积,然后输出计算结果(保留 2 位小数);否则输出提示"无法构成三角形"。

4. 求 1～100 内所有奇数之和以及所有偶数之和。

5. 使用循环语句实现第 1 题的程序功能。要求: 使用 input 语句输入变量 x 的值,并且程序能够重复执行 3 次。

6. 使用循环语句实现第 2 题的程序功能。要求: 使用 input 语句输入身高和体重,并且程序能够重复执行 4 次。

7. 使用循环语句实现第 3 题的程序功能。要求: 使用 input 语句输入三角形的三边长,并且程序能够重复执行 5 次。

第 4 章

Chapter 4

序列数据结构

列表、元组、字典、集合、字符串等数据类型在 Python 程序设计中被广泛使用，这些类型的对象有一个共同之处，就是可以用来存储一组元素，属于一种序列结构。本章介绍列表、元组、字典、集合、字符串的常用操作和应用。

4.1 序列结构概述

序列结构可以存储一组元素，根据是否支持用数字作为索引访问其中的元素，序列结构分为有序序列和无序序列，前者包括列表、元组、字符串，后者包括字典和集合，如图 4-1 所示。其中，元组和字符串属于不可变序列，不能对其元素进行修改。

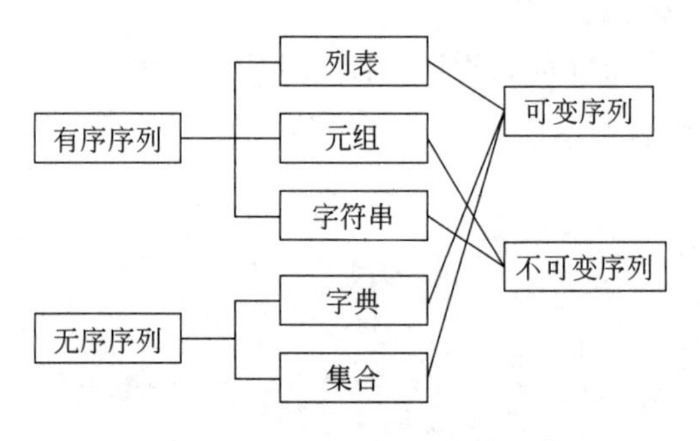

图 4-1 Python 序列结构的分类

4.2 列 表

列表(list)是 Python 中使用极为频繁的数据类型，它是一种有序可变的序列。

4.2.1 列表的创建与访问

1. 创建列表

(1) 直接创建列表

使用方括号“[ ]”作为定界符，元素之间使用英文逗号分隔。

【格式】

```
[元素 1, 元素 2,  … ]
```

说明：

- 同一列表中元素的数据类型既可以相同,也可以不相同。
- 一个列表中可以包含另一个列表,称为嵌套列表。
- 如果只有一对方括号而没有任何元素,则表示空列表。

例如：

```
[75,  80,  85]                        #列表中包含数字类型的元素
['zhang',  'wang',  'li']             #列表中包含字符串类型的元素
['Class',1,'Python',80.2]             #列表中同时包含数字和字符串类型的元素
[['zhang',  75] ,  ['wang',  80] ]    #嵌套列表
[]                                    #空列表
```

(2) 使用 list()函数创建列表

把 range 对象、字符串、元组或其他可迭代对象通过 list()函数转换成列表。

```
>>> list(range(0,5))
[0, 1, 2, 3, 4]
>>> list('Python')
['P', 'y', 't', 'h', 'o', 'n']
```

使用"="将一个列表对象赋值给变量,可以创建列表类型的对象。

```
>>> students = ['zhang', 'wang', 'li']
>>> type(students)
<class 'list'>
>>> scores =  [75,  80,  85]
>>> std_sc = [students, scores]
>>> std_sc
[['zhang', 'wang', 'li'], [75, 80, 85]]
```

2. 访问列表

列表是有序序列,支持以索引和切片作为下标访问列表中的元素。

(1) 索引访问

【格式】

```
列表对象名[索引]
```

功能：从列表中获取指定位置上的一个元素。

说明：

- 索引表示元素在列表中的位置序号。
- 使用索引访问,一次只能返回一个元素。
- 列表可以双向索引:当正整数作为下标时,0 表示第 1 个元素,1 表示第 2 个元素,以此类推;当负整数作为下标时,-1 表示最后 1 个元素,-2 表示倒数第 2 个元素,以此类推。

【注意】 正向索引时,下标从 0 开始编号。访问列表元素时如果下标出界,则会抛出异常。

(2) 切片访问

【格式】

```
列表对象名[start:end:step]
```

功能:截取并返回列表中的一个子列表。子列表从 start 开始,以 step 为步长,顺序取得列表中的元素,一直到 end-1 的位置。

说明:

- start:切片开始位置,默认为 0。
- end:切片截止位置,默认为列表长度。
- step:切片的步长,默认为 1。
- 使用切片方式截取列表,返回的是一个子列表,可以包含多个元素。如果下标出界,则不会抛出异常,而是在列表尾部截断或者返回一个空列表,代码会具有更强的健壮性。

```
#scores 表示语文、英语、数学、物理、化学和生物的成绩
>>> scores = [75, 80, 85, 70, 65, 90]
>>> scores[0]                      #语文成绩
75
>>> scores[-1]                     #最后一门课成绩
90
>>> scores[0:3]                    #语文、英语、数学成绩
[75, 80, 85]
>>> scores[2:5]                    #数学、物理、化学成绩
[85, 70, 65]
>>> scores[3:]                     #物理、化学、生物成绩。end 为列表长度时可以省略
[70, 65, 90]
>>> scores[0:6:2]                  #语文、数学、化学成绩
[75, 85, 65]
>>> scores[10]                     #报错:索引出界
Traceback (most recent call last):
  File "<pyshell#9>", line 1, in <module>
    scores[10]
```

```
IndexError: list index out of range
>>> scores[0:10]                #所有课程成绩
[75, 80, 85, 70, 65, 90]
```

4.2.2　列表的常用操作

1. 列表对象支持的运算符操作

列表是可变序列,可以通过赋值运算符直接修改或删除列表元素。列表对象支持的运算符操作如表 4-1 所示。

表 4-1　列表对象支持的运算符操作

运　算　符	功　　能
=	赋值运算
+	合并列表中的元素,得到一个新的列表
*	重复列表元素
in	成员测试,判断一个元素是否包含在列表中

使用方法如下。

```
#scores 表示语文、英语、数学、物理、化学和生物的成绩
>>> scores = [75, 80, 85, 70, 65, 90]
>>> 90 in scores                        #测试元素是否在列表中
True
>>> scores[3] = 77                      #修改物理成绩
>>> scores
[75, 80, 85, 77, 65, 90]
>>> scores[:3] = []                     #赋值为空,删除前 3 门课的成绩
>>> scores
[77, 65, 90]
>>> del scores[-1]                      #使用 del 删除最后一门课的成绩
>>> scores
[77, 65]
>>> [1,2,3] + [4,5]                     #合并列表
[1,2,3,4,5]
>>> ['a','b','c'] * 2                   #重复列表元素
['a', 'b', 'c', 'a', 'b', 'c']
```

2. 列表对象支持的函数操作

列表对象常用的内置函数如表 4-2 所示。

表 4-2 列表对象常用的内置函数

函　数	功　能
len()	返回列表元素的个数
max()	返回列表元素的最大值
min()	返回列表元素的最小值
sum()	返回列表元素的和
zip()	将多个列表中的元素对应组合为元组并返回包含这些元组的可迭代对象
enumerate()	返回包含索引和值的可迭代对象
map()	将函数映射到列表中的每个元素
filter()	根据指定函数的返回值对列表元素进行过滤

【例 4-1】 计算一组成绩的最高分、最低分和平均值。

```
>>> scores = [75, 80, 85, 70, 65, 90]
>>> print('最高分:', max(scores))
>>> print('最低分:', min(scores))
>>> s = sum(scores)                                    #总分
>>> n = len(scores)
>>> print('平均分:',  round(s/n, 1))
```

3. 列表对象的方法

对象是 Python 语言中最基本的概念,在 Python 中处理的一切都是对象。对象具有属性和方法,属性表示对象的特征,方法表示对象可以执行的操作。在 Python 中可以利用对象的属性和方法进行操作,调用格式为

对象名.属性名
对象名.方法名(参数)

对象方法的调用与 2.4 节介绍的函数调用方式类似。在 Python 中,有些功能既可以使用函数实现,也可以使用对象方法实现。

列表对象的常用方法如表 4-3 所示。

表 4-3 列表对象的常用方法

方　法	功　能
append(x)	在列表末尾添加新的元素 x
extend(L)	将列表 L 中的所有元素追加至列表尾部
insert(index, x)	在列表的 index 位置插入 x
count(x)	统计元素 x 在列表中出现的次数

续表

方　法	功　能
index(x)	返回元素 x 在列表中第一次出现的位置，如果元素 x 不在列表中，则抛出异常
pop([index])	移除并返回列表中 index 位置的元素。不指定 index，默认移除最后一个元素。如果指定的位置超出列表范围，则抛出异常
remove(x)	移除列表中第一个与指定值 x 相等的元素
reverse()	将列表中的元素逆序翻转
sort(key=None, reverse=False)	按照规则 key 对列表中的元素进行排序；reverse 为 False 表示升序(默认)，reverse 为 True 表示降序。默认的排序规则是：数字按大小排序，字符按 unicode 编码排序
clear()	清空列表元素
copy()	复制列表。浅复制，如果原列表中含有子列表之类的可变数据类型，则在修改子列表后，另一个列表中的子列表也随之改变

使用方法如下。

```
>>> x1 = [1,2,3]
>>> x1.append(5)
>>> x1
[1, 2, 3, 5]
>>> x1.append([7,8])
>>> x1
[1, 2, 3, 5, [7, 8]]
>>> x2 = [1,2,3]
>>> x2.extend([7,8])
>>> x2
[1, 2, 3, 7, 8]
>>> x3 = [1,5,7,2]
>>> x3.reverse()                          #逆序排列
>>> x3
[2, 7, 5, 1]
>>> x3.sort(reverse=True)                 #降序排序
>>> x3
[7, 5, 2, 1]
>>> x3[3] = 6                             #修改列表元素
>>> x3
[7, 5, 2, 6]
>>> x3.sort()                             #升序排序
>>> x3
[2, 5, 6, 7]
>>> x4 = ['a', 'b', 'b', 'c']
```

```
>>> x4.insert(2,'a')
>>> x4
['a', 'b', 'a', 'b', 'c']
>>> x4.count('a')
2
>>> x4.index('a')
0
>>> x4.pop()
'c'
>>> x4
['a', 'b', 'a', 'b']
>>> x4.pop(0)
'a'
>>> x4
['b', 'a', 'b']
>>> x4.remove('b')
>>> x4
['a', 'b']
>>> x4.clear()
>>> x4
[]
```

【例 4-2】 将成绩降序排列,并统计成绩为 80 分以上的人数。

```
#文件名:chpt4-2.py
scores = [75, 80, 85, 70, 65, 90]
scores2 = [90, 76, 80, 90]
scores.extend(scores2)                          #合并两个列表
scores.sort(reverse=True)                       #降序排序
print('成绩排序:', scores)
n = 0
for sc in scores:
    if sc >= 80:
        n = n + 1
print('80分(含)以上的学生人数:', n)
```

4.2.3 列表推导式

列表推导式又称为列表解析式,它使用描述、定义的方式指出应具有什么样的元素,并由此生成列表。

列表推导式将循环和条件判断结合,提供了一种简洁的方法以创建列表。

【格式】

```
[表达式 for 迭代变量 in 可迭代对象 [if 条件表达式] ]
```

功能：使用可迭代对象中满足条件的迭代变量构建表达式，从而生成列表。

列表推导式的执行逻辑等价于 for 循环，如下所示。

```
for 迭代变量 in 可迭代对象:
    if 条件表达式:
        表达式
```

```
>>> [2 * n for n in [1,2,3]]
[2, 4, 6]
>>> [n for n in range(10) if n%2==1]                #奇数序列
[1, 3, 5, 7, 9]
```

利用列表推导式可以构建多种形式的列表元素，其表达式部分既可以是简单表达式，也可以是较为复杂的表达式。另外，推导式中也可以使用嵌套的 for 语句，其中的第 1 个 for 语句对应外层循环，第 2 个 for 语句对应第 2 层循环，以此类推。因此，列表推导式具有非常强大的表达功能。

【例 4-3】 求 1+1/2+…+1/10 的值。

```
>>> alist = [1/i for i in range(1,11)]
>>> sum(alist)
2.9289682539682538
```

【例 4-4】 求 6+66+666+…+n 个 6 的值。

```
>>> n = int(input())
5
>>> sum([int('6' * i) for i in range(1, n+1)])
74070
```

【例 4-5】 实现嵌套列表的平铺。

```
>>> vecs = [[1, 2, 3], [4, 5, 6], [7, 8, 9]]
>>> [v for vec in vecs for v in vec]
[1, 2, 3, 4, 5, 6, 7, 8, 9]
```

4.3 元　　组

元组(tuple)和列表类似，它们都是有序序列，不同的是，元组的元素不能修改，是不可变序列。

4.3.1 元组的创建与访问

1. 创建元组

(1) 直接创建元组

使用圆括号“()”作为定界符,元素之间使用英文逗号分隔。

【格式】

```
(元素 1, 元素 2, … )
```

与列表类似,元组中元素的数据类型可以各不相同,元组可以嵌套,不包含任何元素的元组为空元组。例如,(75, 80, 85),('Class',1,'Python',80.2),()。

【注意】 如果创建的元组只有一个元素,则元素后面要加逗号。

(2) 使用 tuple()函数创建元组

把 range 对象、字符串、列表或其他可迭代对象通过 tuple()函数转换成元组。

```
>>> x = (1, 2, 3)                  #创建元组对象
>>> type(x)                        #查看对象类型
<class 'tuple'>
>>> tuple(range(5))                #将 range 对象转换为元组
(0, 1, 2, 3, 4)
>>> x = (3,)                       #如果元组中只有一个元素,则必须在其后面加上一个逗号
>>> x
(3,)
>>> x = (3)                        #含有一个元素的元组不能这样定义,这等同于 x=3
>>> x
3
>>> type(x)
<class 'int'>
```

2. 访问元组

与列表类似,元组也支持双向索引和切片访问。

(1) 索引访问

【格式】

```
元组对象名[索引]
```

(2) 切片访问

【格式】

```
元组对象名[start:end:step]
```

```
>>> x = (10, 20, 30)
```

```
>>> x[0]                                    #索引访问
10
>>> x[-1]                                   #反向索引
30
>>> x[:2]                                   #切片访问
(10, 20)
```

4.3.2　元组的常用操作

元组属于不可变序列，不能直接更改元组中的元素。

```
>>> x[1] = 4                                #报错
TypeError: 'tuple' object does not support item assignment
```

与列表类似，元组对象也支持“+”“*”和“in”运算符。“+”运算符用来执行合并操作，“*”运算符用来执行重复操作，结果都会生成一个新的元组。“in”运算符用于测试元组中是否包含某个元素。

元组也支持 len()、max()、min()、sum()、zip()、enumerate()等函数，以及 count()、index()等对象方法。元组属于不可变序列，因此不支持 append()、extend()、insert()、remove()、pop()等操作。

元组和列表有很多相似的使用方法，那么应该在什么时候使用元组呢？

- 相对于列表而言，元组是不可变的，这使得元组可以作为字典的键或者集合的元素，而列表则不可以。
- 元组放弃了对元素的增删操作(内存结构设计上变得更精简)，换取的是性能上的提升，因此创建元组比创建列表更快，存储空间比列表占用得更小。而且，元组的元素不允许修改，这也使得代码更加安全。
- 函数返回值通常使用元组。很多内置函数的返回值也是包含若干元组的可迭代对象，例如 enumerate()、zip()等函数。

```
>>> courses = ['语文', '英语', '数学']
>>> scores = [75, 80, 85]
>>> list(enumerate(courses))
[(0, '语文'), (1, '英语'), (2, '数学')]
>>> list(zip(courses, scores))
[('语文', 75), ('英语', 80), ('数学', 85)]
```

enumerate()函数会返回一个 enumerate 对象，其中的每个元素都是包含索引和值的元组(索引默认从 0 开始)。zip()函数会返回一个 zip 对象，其中的每个元素都是由两个序列中相同位置上的元素构成的元组。

【例 4-6】 按成绩排名,依次输出名次和成绩。

```
>>> scores = [75, 80, 85, 70, 65, 90]
>>> scores.sort(reverse=True)
>>> for i, sc in enumerate(scores):
        print('第' + str(i+1) + '名: ', sc)

第 1 名:  90
第 2 名:  85
第 3 名:  80
第 4 名:  75
第 5 名:  70
第 6 名:  65
```

【例 4-7】 每个学生的语文和英语成绩分别记录在两个元组中(假设都按学号顺序排列),计算每个学生语文和英语的总分。

```
>>> zh_sc = (80, 63, 85, 67, 78)
>>> en_sc = (85, 90, 88, 75, 76)
>>> sc = [zh + en for zh, en in zip(zh_sc, en_sc)]
>>> sc
[165, 153, 173, 142, 154]
```

列表和元组可以相互转换。使用 list()函数可以把元组转换为列表对象,使用 tuple()函数可以把列表转换为元组对象。

4.4 字 典

字典(dict)是一种由键值对(key-value)组成的映射类型,是 Python 中的无序可变序列。

4.4.1 字典的创建与访问

1. 创建字典

(1) 直接创建字典

使用大括号"{}"作为定界符,每个元素由键值对组成,"键"和"值"之间用英文冒号分隔,表示一种映射关系;不同元素之间使用英文逗号分隔。

【格式】

```
{键 1:值 1, 键 2:值 2, … }
```

说明:

- 在同一字典中,键必须是唯一的。字典中元素的"键"可以是 Python 中任意的不可变类型的数据,例如数字、字符串、元组等,但不能使用列表、集合、字典或其他可变类型作为字典的“键”。

- 字典的键不可以重复，但值是可以重复的。
- 不包含任何元素的字典为空字典。

```
>>> color = {1:'red', 2:'yellow', 3:'green'}
>>> type(color)
<class 'dict'>
>>> adict = {}                                    #空字典
```

(2) 使用 dict()函数创建字典

例如，可以定义字典对象以存储姓名和成绩信息。

```
>>> std_sc = {'zhang':90, 'li':85, 'wang':92, 'zhao':76}     #直接创建字典
#以元组或列表的形式提供“键值”对创建字典
>>> dict([('zhang',90),('li',85),('wang',92),('zhao',76)])
{'zhang': 90, 'li': 85, 'wang': 92, 'zhao': 76}
#以“键=值”的形式创建字典
>>> dict(zhang = 90, li = 85, wang = 92, zhao = 76)
{'zhang': 90, 'li': 85, 'wang': 92, 'zhao': 76}
```

如果已经建立了姓名列表和成绩列表，则可以使用 zip()函数生成字典类型的信息表。

```
>>> students = ['zhang', 'li', 'wang', 'zhao']
>>> scores = [90, 85, 92, 76]
>>> dict(zip(students, scores))
{'zhang': 90, 'li': 85, 'wang': 92, 'zhao': 76}
```

2. 访问字典

字典属于无序序列，不支持索引访问。字典中的每个“键-值”对形式的元素都表示一种映射关系，可以根据“键”获取对应的“值”，即按“键”访问。

(1) 按键访问

【格式】

```
字典对象名[键]
```

功能：根据指定的键返回相应的值。

说明：如果字典中不存在这个“键”，则会抛出异常。

(2) 使用字典对象的 get()方法

【语法】

```
get(key, default)
```

功能：如果键在字典中，则返回键对应的值；否则返回设置的默认值。

```
>>> std_sc = {'zhang':90, 'li':85, 'wang':92, 'zhao':76}
>>> std_sc['Zhang']                                  #按键访问
90
>>> std_sc['sun']                                    #如果键不存在，则抛出异常
Traceback (most recent call last):
  File "<pyshell#13>", line 1, in <module>
    std_sc['sun']
KeyError: 'sun'
>>> std_sc.get('wang')
92
>>> std_sc.get('sun', -1)                            #如果键不在字典中，则返回默认值
-1
```

4.4.2 字典的常用操作

字典是可变序列，可以通过赋值运算符直接添加和修改字典元素。删除字典元素可以使用 pop()和 clear()方法。

```
>>> std_sc = {'zhang': 90, 'li': 85, 'wang': 92, 'zhao': 76}
>>> std_sc['sun'] = 75                               #如果键不存在，则表示添加一个元素
>>> std_sc
{'zhang': 90, 'li': 85, 'wang': 92, 'zhao': 76, 'sun': 75}
>>> std_sc['sun'] = 80                               #如果键存在，则表示修改键对应的值
>>> std_sc
{'zhang': 90, 'li': 85, 'wang': 92, 'zhao': 76, 'sun': 80}
>>> std_sc.pop('zhao')                               #删除元素
76
>>> len(std_sc)
4
>>> std_sc.clear()                                   #清空字典
>>> std_sc
{}
```

字典对象提供了 3 种方法，分别可以用来遍历字典的键集、值集和键值对集。

- keys()：返回字典的键集。
- values()：返回字典的值集。
- items()：返回字典的"键-值"对集。

```
>>> std_sc = {'zhang':90, 'li':85, 'wang':92, 'zhao':76}
>>> std_sc.keys()
```

```
dict_keys(['zhang', 'li', 'wang', 'zhao'])
>>> std_sc.values()
dict_values([90, 85, 92, 76])
>>> std_sc.items()
dict_items([('zhang', 90), ('li', 85), ('wang', 92), ('zhao', 76)])
```

【例 4-8】 构建表示季节的英汉字典,通过键盘输入一个季节的英文单词,可以自动显示对应的中文。如果输入的单词不是季节,则提示输入错误。

```
#文件名:chpt4-8.py
""" 构建英汉字典 """
en_zh_dict={'spring':'春', 'summer':'夏','autumn':'秋', 'winter':'冬'}
print('使用英汉字典:\n', en_zh_dict)
for i in range(5):                    #循环 5 次
    en = input('英文: ')
    if en in en_zh_dict.keys():       #判断输入的英文是否在字典中
        print('中文: ' + en_zh_dict[en])
    else:
        print('输入错误,不是季节单词')
```

【例 4-9】 根据评分星级列表统计各个星级的数量。

```
#文件名:chpt4-9.py
stars = ['A', 'B', 'C', 'D', 'A', 'C', 'A', 'A', 'B', 'C']
adict = {}                            #空字典
for s in stars:
    if s not in adict:
        adict[s] = 1
    else:
        adict[s] += 1
print(adict)                          #输出结果:{'A': 4, 'B': 2, 'C': 3, 'D': 1}
```

4.5 集　　合

集合(set)是 Python 中的无序可变序列,不支持索引和切片访问。

4.5.1 集合的创建

(1) 直接创建集合

使用大括号"{}"作为定界符,元素之间使用英文逗号分隔。

【格式】

```
{元素 1, 元素 2, … }
```

说明：

- 集合中的每个元素都是唯一的，不会重复。
- 集合中只能包含数字、字符串、元组等不可变类型的数据，不能包含列表、字典、集合等可变类型的数据。

(2) 使用 set()函数创建集合

将 range 对象、列表、元组、字符串或其他可迭代对象通过 set()函数转换为集合。如果原来的数据中存在重复的元素，则在转换为集合时只保留一个。

【注意】 创建空集合必须使用 set()函数，而不是使用空的大括号。

```
>>> a = {3, 5}                                  #创建集合对象
>>> type(a)                                     #查看对象类型
<class 'set'>
>>> set(range(8, 12))                           #将 range 对象转换为集合
{8, 9, 10, 11}
>>> set([0, 1, 2, 3, 0, 1, 4, 5])               #转换时自动删除重复元素
{0, 1, 2, 3, 4, 5}
>>> x = set()                                   #空集合
>>> x
set()
```

4.5.2 集合的常用操作

集合属于可变序列，使用集合对象的方法可以添加或删除集合元素，如表 4-5 所示。

表 4-4 集合对象的常用方法

方法	功 能
add(x)	添加元素 x。如果元素已存在，则忽略，不会抛出异常
update(L)	将另一个集合 L 中的元素合并到当前集合
pop()	随机删除并返回集合中的一个元素。如果集合为空，则抛出异常
remove(x)	从集合中删除指定的元素 x。如果元素不在集合中，则抛出异常
discard(x)	从集合中删除指定的元素 x。如果元素不在集合中，则忽略该操作
clear()	清空集合，删除所有元素

使用方法如下。

```
>>> s = {1, 2, 3}
```

```
>>> s.add(5)
>>> s
{1, 2, 3, 5}
>>> s.remove(2)
>>> s
{1, 3, 5}
>>> s.clear()
>>> len(s)
0
```

集合对象还支持集合运算符，如表 4-5 所示。表中，set1={1,2,3,4}，set2={3,4,5,6}，set3={1,2,3}。

表 4-5　常用的集合运算符

含义	数学符号	Python 符号	示　　例
交集	∩	&	>>> set1 & set2 {3, 4}
并集	∪	|	>>> set1 | set2 {1, 2, 3, 4, 5, 6}
差集	-或\	-	>>> set1 - set2 {1, 2}
对称差集	△	^	>>> set1 ^ set2　　#并集中去交集 {1, 2, 5, 6}
属于	∈	in	>>> 4 in set1 True
不属于	∉	not in	>>> 5 not in set1 True
子集	⊆	<=	>>> set3 <= set1 True
真子集	⊂	<	>>> set1 < set2 False
等于	=	==	>>> set1 == set2 False
不等于	≠	!=	>>> set1 != set2 True

此外，也可以使用集合对象的 intersection()、union()、difference()等方法实现交、并、差的运算。

集合常用于成员关系测试和去除重复元素，以及利用集合的运算特性求解应用问题。

【例 4-10】　去除课程清单中重复的课程名称。

```
>>> courses = ['en','pe','info','pe','art','math']
```

```
>>> courses = set(courses)
>>> courses
{'math', 'en', 'info', 'pe', 'art'}
```

【例 4-11】 选课统计。本学期开设了 3 门选修课，在 20 名学生中，选修计算机的学生学号为 001、003、006、007、008、012，选修英语的学生学号为 005、006、009、010、012，选修美术的学生学号为 002、003、006、009、018、020。请统计有多少学生同时选修了 3 门课？有多少学生没有选课？

```
>>> computer_set = {'001','003','006','007','008','012'}
>>> english_set = {'005','006','009','010','012'}
>>> art_set = {'002','003','006','012','018','020'}
>>> set_all = computer_set & english_set & art_set
>>> print("三门课都选修的人数:", len(set_all))
三门课都选修的人数: 2
>>> num_none = 20 - len(computer_set | english_set |art_set )
>>> print("没有选课的人数:", num_none)
没有选课的人数: 8
```

4.6 字 符 串

字符串(str)是由字符组成的有序序列，使用引号作为定界符，支持双向索引和切片访问。字符串属于不可变序列，不能直接修改字符串。

```
>>> s = 'Hello World!'
>>> s[0]
'H'
>>> s[-1]
'!'
>>> s[0:5]
'Hello'
```

字符串对象支持“+”和“*”运算符，以及关系运算符和成员测试运算符。

```
>>> 'Hello ' + 'World'                          #字符串拼接
'Hello World'
>>> 'abc' * 3                                   #重复字符串
'abcabcabc'
>>> a = 'Name'
```

```
>>> b = 'name'
>>> a == b
False
```

适用于字符串对象的 Python 函数主要如下。

- str()：将其他类型的数据转换为字符串。
- len()：获取字符串的长度。
- eval()：把任意字符串转换为 Python 表达式并计算表达式的值。

```
>>> s = 'I am happy'
>>> len(s)
10
>>> n = 85.5
>>> print('math score = ' + str(n))                    #数字转换为字符串后再连接
math score = 85.5
>>> e = input('输入一个表达式:')
输入一个表达式:3.5 + 9
>>> eval(e)
12.5
```

此外，字符串对象本身也有大量的操作方法，其中的常用方法如表 4-6 所示。

表 4-6　字符串对象的常用方法

方法	功　　能
split()	基于指定分隔符将当前字符串分割成若干子字符串。不指定分隔符时默认使用空白字符
join()	将几个字符串连接为一个字符串
index()	返回第一次出现指定字符串的位置，如果不存在，则抛出异常
find()	返回第一次出现指定字符串的位置，如果不存在，则返回－1
rfind()	返回最后一次出现指定字符串的位置，如果不存在，则返回－1
replace()	用新的字符串替换原有的字符串
count()	统计某个字符串出现的次数
strip()	删除当前字符串首尾的指定字符，默认删除首尾的空白字符。 lstrip()用来删除字符串左侧的指定字符，rstrip()用来删除字符串右侧的指定字符
title()	返回每个单词的首字母大写的字符串
upper()	返回大写的字符串
lower()	返回小写的字符串

使用方法如下。

```
>>> s = 'I am happy'
>>> s_list = s.split()
>>> s_list
['I', 'am', 'happy']
>>> new_s = '-'.join(s_list)
>>> new_s
'I-am-happy'
>>> s.find('a')
2
```

【例 4-12】 统计句子中单词“the”出现的次数。

```
>>> text = 'As the captain of China,Beijing has been the most popular city of
china。The best time to visit Beijing is spring'
>>> text.count('the')                              #结果:2
>>> new_text = text.lower()
>>> new_text.count('the')                          #结果:3
```

【例 4-13】 将成绩从百分制变换为等级制。转换规则为：90～100 分为“A”,80～89 分为“B”,70～79 分为“C”,60～69 分为“D”,60 分以下为“E”。

```
#文件名:chpt4-13.py
score = int(input("score="))
degree = 'DCBAAE'
if score > 100 or score < 0:
   print('wrong score.must between 0 and 100.')
else:
   index = (score - 60) // 10
   if index >= 0:
       print('degree:' + degree[index])
   else:
       print('degree:' +  degree[-1])
```

4.7 序列解包

序列解包是指把一个序列或可迭代对象中的多个元素的值同时赋值给多个变量。如果等号右侧含有表达式,则把所有表达式的值计算出来后再进行赋值。

序列解包可用于列表、元组、字典、集合、字符串等序列对象,也可用于 range、enumerate、zip、filter、map 等可迭代对象。

解包时,如果变量的个数不等于可迭代对象中元素的个数,则可以在某个变量前加一个星号(*),Python 解释器会对没有加星号的变量进行匹配后,将剩余元素全部匹配给带有星号的变量。

```
>>> x, y, z = 1, 2, 3                                    #多个变量同时赋值
>>> print(x, y, z)
1 2 3
>>> student = ('zhang', 'M', 20)
>>> sname, gender, age = student                         #元组解包
>>> print(sname, gender, age)
zhang M 20
>>> a, b, *c = [1, 2, 3, 4]
>>> print(a, b, c)
1 2 [3, 4]
>>> std_sc = {'zhang':90, 'li':85, 'wang':92, 'zhao':76}
>>> for std, sc in std_sc.items():                       #字典的键值对解包
        print('学生: {0}\t成绩: {1}'.format(std, sc))

学生: zhang     成绩: 90
学生: li        成绩: 85
学生: wang      成绩: 92
学生: zhao      成绩: 76
```

解包操作还可以在调用函数时给函数传递参数。

4.8 序列结构综合应用

【例4-14】 模拟7个评委的评分过程,从键盘输入7个评分,然后去掉一个最高分和一个最低分,最后计算平均分。

```
#文件名: chpt4-14.py
sc = []                                                  #定义一个空列表,存放7个评分
for i in range(7):
    n = input('请输入第{0}个评委的分数:'.format(i+1))
    n = float(n)
    sc.append(n)                                         #将输入的分数添加到列表中

highest = max(sc)                                        #计算并删除最高分与最低分
sc.remove(highest)
lowest = min(sc)
sc.remove(lowest)
final_sc = round(sum(sc)/len(sc),2)
formatter = '去掉一个最高分{0},\n去掉一个最低分{1},\n最后得分{2}'
print(formatter.format(highest, lowest, final_sc))
```

【例 4-15】 统计英文短句中各单词的词频。

```
#文件名: chpt4-15.py
text='The city was coverd by the green trees I like the green city'
text = text.lower()
print('[text]\n', text)
print()
words_list = text.split()                          #按空格分割
print('[单词表]\n', words_list)
print()

words_dict = {}
for word in words_list:
    if word not in words_dict:
        words_dict[word] = 1                       #添加单词
    else:
        words_dict[word] += 1                      #统计单词数

print('词频: \n',words_dict)
print()
print('出现最多的单词数是:', max(words_dict.values()))
```

运行程序,结果如图 4-2 所示。

```
[text]
 the city was coverd by the green trees i like the green city

[单词表]
 ['the', 'city', 'was', 'coverd', 'by', 'the', 'green', 'trees', 'i', 'like', 'the', 'green', 'city']

词频:
 {'the': 3, 'city': 2, 'was': 1, 'coverd': 1, 'by': 1, 'green': 2, 'trees': 1, 'i': 1, 'like': 1}

出现最多的单词数是: 3
```

图 4-2 词频统计结果

【例 4-16】 检查用户的输入中是否有敏感词,如果有,则将敏感词替换为 3 个星号(***)。

```
#文件名: chpt4-16.py
words = ('非法', '暴力', '滚开')                              #非法词列表
text = '这篇文章中含有非法的暴力的文字描述,还有暴力图片。'
for w in words:
    if w in text:
        text = text.replace(w, '***')                         #将敏感词替换为"***"
print('去除敏感词后的文本:', text)
```

【例 4-17】 求 1－1/3＋1/5－1/7＋…＋1/17－1/19 的值。

```
>>> alist = [i if i%4==1 else -i for i in range(1,20) if i%2==1]
>>> alist
[1, -3,  5, -7, 9, -11, 13, -15, 17, -19]
>>> sum([1/i for i in alist])
0.7604599047323508
```

4.9 本章小结

本章介绍了列表、元组、字典、集合、字符串等序列数据结构的特点和常用操作，主要内容如下。

(1) 列表是有序可变序列，使用方括号作为定界符。元组是有序不可变序列，使用圆括号作为定界符。字典是无序可变序列，使用大括号作为定界符，是一种“键值”对的映射类型。集合是无序可变序列，使用大括号作为定界符。字符串是有序不可变序列，使用引号作为定界符。这些序列结构可以存储不同类型的数据。

(2) 列表推导式提供了一种简洁的方法以创建列表，它使用描述、定义的方式，结合循环和条件判断自动生成列表，具有强大的表达功能，是 Python 程序开发中应用最多的技术之一。

(3) 列表、元组和字符串都支持双向索引和切片访问，字典支持按键访问，集合不支持索引和切片访问。

(4) 字典的“键”和集合的元素都是唯一的，并且都必须是不可变的数据类型。

(5) 可以使用运算符、函数或对象方法操作序列对象。

4.10 习　　题

1. 使用元组记录某地一周的最高温度和最低温度，并输出这一周的最高温度、最低温度和每日的平均温度。

最高温度：30，28，29，31，33，35，32。

最低温度：20，21，19，22，23，24，20。

2. 将两个列表 list1 和 list2 合并为一个列表 alist，并对 alist 进行降序排序。

```
list1 = [57, 71, 78, 73, 85, 90, 65, 87]
list2 = [78, 90, 68, 82, 71, 89, 93, 82]
```

3. 有两个字符串 s1 和 s2，统计这两个字符串中包含的单词总数。

```
s1 = 'never give up never lose hope'
s2 = 'I hope you are as happy with me as I am with you'
```

4. 利用循环语句依次从键盘输入 10 个整数，并添加到列表 nums，然后完成下列操作。

(1) 使用列表推导式建立 3 个列表 pos_list、neg_list、zero_list，分别保存正数、负数和零。

(2) 统计正数、负数和 0 的个数。

5. 使用字典存储学生的学号和姓名信息。当输入某个学号时，可以输出该学号对应的姓名；如果输入的学号不存在，则输出“没有这个学号”。

Chapter 5　第5章

函　　数

函数是实现特定功能的代码段，Python内置了丰富的函数资源，在程序中调用这些函数可以完成很多工作。程序开发人员也可以根据实际应用的需要，将常用的功能自定义为函数，从而方便随时调用，并能提高应用程序的模块性和代码的复用率。本章介绍用户自定义函数的基本使用方法。

5.1　函数的定义和调用

1. 函数的定义

在Python中，函数使用def关键字定义。

【格式】

```
def 函数名(参数1,参数2,…):
    ''' 注释'''
    函数体
```

说明：

- 函数名后的圆括号内是函数的参数，如果有多个参数，则必须用英文逗号分隔。即使没有任何参数，也必须保留一对空的圆括号。括号后边的冒号表示缩进的开始。
- 在函数体中，可以使用return语句返回函数代码的执行结果，返回值可以有一个或多个。如果没有return语句，则默认返回None(空对象)。
- 注释语句是可选的，其主要用于说明函数的功能及参数含义等信息。

以下定义了一个名为my_add的函数，它有两个参数x和y，返回值为两个参数相加的结果。

```
>>> def my_add(x, y):
        '''add the two arguments'''
        s = x + y
        return s
```

定义函数时给出的注释信息会作为函数的帮助说明。

```
>>> print(my_add.__doc__)
add the two arguments
>>> help(my_add)
Help on function my_add in module __main__:

my_add(x, y)
    add the two arguments
```

2. 函数的调用

自定义函数和Python内置函数的调用方法相同。

【格式】

```
函数名(实际参数 1, 实际参数 2, …)
```

定义函数时,在圆括号中给出的参数称为形式参数(简称形参);调用函数时,圆括号中给出的参数是实际参数(简称实参),表示形参的实际取值,将实参传递给形参后,就可以执行函数定义中的语句并完成函数功能了。

调用上述定义的my_add()函数,结果如下。

```
>>> my_add(3, 5)
8
>>> my_add("hello ", "World")
'hello World'
```

定义函数时不需要声明形参的数据类型,Python解释器会根据实参的类型自动推断形参的类型。本例分别将数字类型和字符串类型的数据传递给my_add()函数,返回了不同的结果。

5.2 函数参数

函数参数的定义和使用是函数的重要部分,Python中有多种设置函数参数的方式。

5.2.1 位置参数

位置参数是最常见的参数形式,例如5.1节中调用my_add()函数就是采用位置参数的方式。调用函数时,实参和形参的数量必须相同,位置顺序也必须一致,即第1个实参传递给第1个形参,第2个实参传递给第2个形参,以此类推。

定义 my_add()函数,输出参数信息,查看参数的传递情况。

```
#文件名:chpt5-add.py
def my_add(x, y):
    '''add the two arguments'''
    print("x="+str(x)+";"+"y="+str(y))
    s = x + y
    return s
```

调用 my_add()函数时,如果参数不匹配,则会报错。

```
>>> my_add(3, 5)                                    #实参一一对应地传递给形参
x=3;y=5
8
>>> my_add(3)                                       #报错
Traceback (most recent call last):
  File "<pyshell#12>", line 1, in <module>
    my_add(3)
TypeError: my_add() missing 1 required positional argument: 'y'
>>> my_add()                                        #报错
Traceback (most recent call last):
  File "<pyshell#13>", line 1, in <module>
    my_add()
TypeError: my_add() missing 2 required positional arguments: 'x' and 'y'
```

5.2.2 默认值参数

Python 支持默认值参数,即在定义函数时可以为形参设置默认值。调用带有默认值参数的函数时,如果没有给设置默认值的形参传值,则函数会直接使用默认值。也可以通过传递实参替换默认值。

例如,在 Python 内置函数 range(start, end, step)中 start 的默认值为 0,step 的默认值为 1,range(10)就表示 range(0,10,1)。也可以生成不同起始值和步长的 range 对象,如 range(1,10,2)。

需要注意的是,定义函数时,默认值参数必须出现在形参表的最后,即任何一个默认值参数的右边都不能再出现没有默认值的普通位置参数,否则会提示语法错误。默认值参数的定义格式为

```
def 函数名(…, 形参名=默认值):
    函数体
```

例如,修改 5.2.1 节定义的 my_add()函数,将第 2 个参数的默认值设为 10。

```
#文件名:chpt5-add.py
def my_add(x, y=10):
    '''add the two arguments'''
    print("x="+str(x)+";"+"y="+str(y))
    s = x + y
    return s
```

调用 my_add()函数时,如果只传递一个参数,表示只给形参 x 传值;如果要修改形参 y 的值,则可以通过实参显式传值。

```
>>> my_add(3)                                    #只传递第 1 个参数
x=3;y=10
13
>>> my_add(3, 5)                                 #传递 2 个参数
x=3;y=5
8
```

5.2.3 关键字参数

调用函数时,可以通过"形参名=值"的形式传递参数,称之为关键字参数。与位置参数相比,关键字参数可以通过参数名明确指定为哪个参数传值,因此参数的顺序可以与函数定义中的不一致。

【注意】 *使用关键字参数传参时,必须正确引用函数定义中的形参名称。*

例如,可以使用关键字参数的方式调用 5.2.2 节定义的 my_add()函数。

```
>>> my_add(x=4, y=5)
x=4;y=5
9
>>> my_add(y=5, x=4)
x=4;y=5
9
```

当位置参数与关键字参数混用时,位置参数必须在关键字参数的前面,关键字参数之间可以不区分先后顺序。

```
>>> my_add(4, y=5)
x=4;y=5
9
>>> my_add(y=5, 4)                               #语法错误
SyntaxError: positional argument follows keyword argument
```

上面的第 2 条语句提示有语法错误：位置参数放在了关键字参数的后面。

【例 5-1】 定义函数，计算一组成绩的平均值，然后调用该函数。

```
#文件名: chpt5-1.py
def cal_avg(alist):
    s = sum(alist)                                #定义函数
    n = len(alist)
    avg = round(s/n, 1)
    return avg

scores = [75, 80, 85, 70, 65, 90]
result = cal_avg(scores)                          #调用函数
print('平均分:', result)
```

运行程序，当调用 cal_avg()函数时，将实参 scores 传递给形参 alist，计算平均分，并将平均分作为函数返回值赋值给变量 result。使用函数可以使主程序的处理逻辑更清晰。

【例 5-2】 定义函数，根据分数判断成绩等级：80～100 分为“A”，60～79 分为“B”，60 分以下为“C”。如果分数大于 100 或者小于 0，则报错。

```
#文件名: chpt5-2.ppy
def get_rank(score):                              #定义函数
    if score >= 80:
        rank = 'A'
    elif score >= 60:
        rank = 'B'
    else:
        rank = 'C'
    return rank

score = float(input('score? '))
if score > 100 or score < 0:
    result = '输入错误,成绩必须在 0~100。'
else:
    result = get_rank(score)                      #调用函数
print('等级:', result)
```

【例 5-3】 定义函数，按指定字符和行数打印图形。

```
#文件名:chpt5-3.py
def print_fig(char, rows = 10):                   #定义函数
```

```
    '''打印图形:
      char:要打印的字符
      rows:要打印的行数,默认为10
    '''
    for i in range(1, rows+1):
        print(char * i)

print_fig('*')                                   #没有指定行数,默认打印10行
print_fig('★', 6)                                #打印6行
print_fig(rows=9, char='♡')                      #使用关键字传参
```

函数可以一次定义、多次调用,提高了代码的复用率。

5.2.4 可变长参数

前面例子中定义的函数,参数的个数都是确定的,如my_add(x, y)函数,在调用函数时,只能传递两个参数。

此外,Python还支持可变长度的参数列表,在调用函数时可传递不同数目的实参。通过*arg和**kwargs这两个特殊语法可以实现可变长参数。

- *arg表示元组变长参数(参数名的前面有一个"*"),可以以元组形式接收不定长度的实参。
- **kwargs表示字典变长参数(参数名的前面有两个"*"),可以以字典形式接收不定长度的键值对。

以下分别定义了两个函数,可以接收任意个数的数字并计算累加和。

```
#文件名:chpt5-sum.py
def my_sum(*nums):
    print('nums: ',nums)
    s = 0
    for n in nums:
        s += n
    return s

def my_sum2(**nums):
    print('nums: ',nums)
    s = 0
    for key in nums:
        s += nums[key]
    print('sum =',s)
```

调用my_sum()函数,传递不同数量的参数,参数被打包为元组对象传递给"*

nums”。调用 my_sum2()函数,以“键=值”的方式传递参数,参数被转换为字典对象传递给“**nums”,参数中的关键字“a、b、c”作为字典的键。

```
>>> my_sum(4, 5)
nums:  (4, 5)
9
>>> my_sum(4, 5, 6, 7, 8)
nums:  (4, 5, 6, 7, 8)
30
>>> my_sum2(a=1, b=2, c=3)
nums:  {'a': 1, 'b': 2, 'c': 3}
sum = 6
```

【例 5-4】 定义函数,根据姓名同时查询多人的成绩。

```
#文件名:chpt5-4.py
def get_score(*names):
    result = []
    for name in names:
        score = std_sc.get(name, -1)
        result.append((name, score))
    return result

std_sc = {'zhang': 90, 'li': 85, 'wang': 92, 'zhao': 76}
print(get_score('zhang'))
print(get_score('li','ma'))
print(get_score('wang','zhao','li'))
```

5.3 变量的作用域

变量的作用域是指变量起作用的代码范围。根据变量的作用范围,变量分为局部变量和全局变量。

- 在函数内部定义的变量一般为局部变量,其作用范围限定在这个函数内,当函数执行结束后,局部变量会自动删除,不可以再访问。
- 在函数外部定义的变量称为全局变量,其作用范围是整个程序。全局变量可以在当前程序及其所有函数中引用。

在以下代码中,global_num 是全局变量,my_add2()函数内部定义的 local_num 是局部变量。

```
#文件名:chpt5-add2.py
def my_add2():
    local_num = 3                          #局部变量
    return global_num + local_num

global_num = 5                             #全局变量
print(my_add2())                           #结果:8
print(global_num)                          #结果:5
print(local_num)                           #报错,local_num 没有定义
```

最后一条输出语句报错:“NameError: name 'local_num' is not defined”。

当函数内的局部变量和全局变量重名时,该局部变量会在自己的作用域内暂时隐藏同名的全局变量,即局部变量起作用。

```
#文件名:chpt5-add3.py
def my_add3():
    x = 3
    return x + x

x = 5
print(my_add3())                           #结果:6
```

通过 global 关键字可以在函数内定义或者使用全局变量。如果要在函数内部修改一个定义在函数外部的变量值,则必须使用 global 关键字将该变量声明为全局变量,否则会自动创建新的局部变量。

以下代码在函数内使用 global 关键字声明了对全局变量 x 的操作,将其值修改为 3。

```
#文件名:chpt5-add4.py
def my_add4():
    global x                               #声明全局变量
    print(x)                               #结果:5
    x = 3                                  #修改变量值
    return x + x

x = 5
print(my_add4())                           #结果:6
print(x)                                   #结果:3
```

5.4 Lambda 表达式

Lambda 表达式可以用来声明匿名函数,即没有函数名称的、临时使用的小函数,尤其适用于将一个函数作为另一个函数的参数的场合。

Lambda 表达式的定义格式为

```
[函数名 = ] lambda 参数 1,参数 2,…,参数 n : 表达式
```

说明:

- 函数名是可选项。如果没有函数名,则表示这是一个匿名函数。
- 可以接收多个参数,但只能包含一个表达式,表示式中不允许包含复合语句(带冒号和缩进的语句)。
- Lambda 表达式拥有自己的命名空间,不能访问自有参数列表外或全局命名空间内的参数。
- Lambda 表达式相当于只有一条 return 语句的小函数,表达式的值作为函数的返回值。

图 5-1 说明了 Lambda 表达式与函数定义的对应关系。函数的参数是 Lambda 表达式的参数,表示式的计算结果相当于函数的返回值。

```
def my_add(x, y):
    return x + y
```

```
my_add = lambda x, y : x + y
```

图 5-1 函数与 Lambda 表达式

定义并调用 Lambda 表达式的方式如下。

```
>>> my_add = lambda x, y : x + y
>>> my_add(3,5)                                  #结果:8
>>> my_add('hello ', 'world')                    #结果:'hello world'
```

Lambda 表达式尤其适合需要一个函数作为另一个函数参数的场合。

【例 5-5】 利用 Lambda 表达式将由一组字符串表示的商品编号按编号值的大小排序。

```
>>> product_ids = ['101','56','2012','352','90']
>>> sorted(product_ids)
['101', '2012', '352', '56', '90']
>>> sorted(product_ids, key = lambda x : int(x))
['56', '90', '101', '352', '2012']
```

默认的排序结果是按字符串大小排列的，利用 Lambda 表达式可以重新指定排序规则，将字符串转换为数字类型进行排序。

【例 5-6】 将 1～10 中的每个元素 n 转换为 2^n，并生成一个新列表。

```
>>> list(map(lambda n: 2**n, range(1,11)))
[2, 4, 8, 16, 32, 64, 128, 256, 512, 1024]
```

map()是一种映射函数，它可以把一个函数应用于序列或可迭代对象的每个元素，并对每个元素进行变换。本例利用 map()函数将 range 对象中的每个元素通过 Lambda 表达式转换为了 2^n，生成了新列表。

【例 5-7】 将两个元组中的数值对应相加，并生成一个新列表。

```
>>> zh_sc = (80, 63, 85, 67, 78)
>>> en_sc = (85, 90, 88, 75, 76)
>>> list(map(lambda x, y : x + y, zh_sc, en_sc))
[165, 153, 173, 142, 154]
```

本例将 zh_sc 和 en_sc 中的元素分别传递给 Lambda 表达式中的形参 x 和 y，并计算 x+y 的值。

【例 5-8】 给定一个列表，生成一个只包含偶数的新列表。

```
>>> alist = [1,0,2,5,8,3]
>>> list(filter(lambda x: x % 2 == 0, alist))
[0, 2, 8]
```

filter()是一种过滤函数，它可以把一个函数作用于序列或可迭代对象的每个元素，筛选出使得该函数返回值为 True 的那些元素。本例利用 filter()函数将 alist 中的每个元素通过 Lambda 表示式筛选出了所有的偶数。

5.5 递归函数

程序调用自身的编程方法称为递归(recursion)。函数的递归调用是函数调用的一种特殊情况。函数反复地自己调用自己，直到某个条件满足时就不再调用了，然后一层一层地返回，直到该函数第一次调用的位置。如图 5-2 所示，函数 A 调用函数 B，然后函数 B 递归地调用自己。递归必须有边界条件，即递归停止的条件。

递归作为一种算法在程序设计语言中被广泛应用。一个过程或函数在其定义或说明中有直接或间接调用自身的一种方法，它通常可以把一个大型复杂的问题层层转化为一个与原问题相似的、规模较小的问题进行求解，递归策略只需要少量的程序就可以描述出解题过程所需要的多次重复计算，大幅减少了程序的代码量。

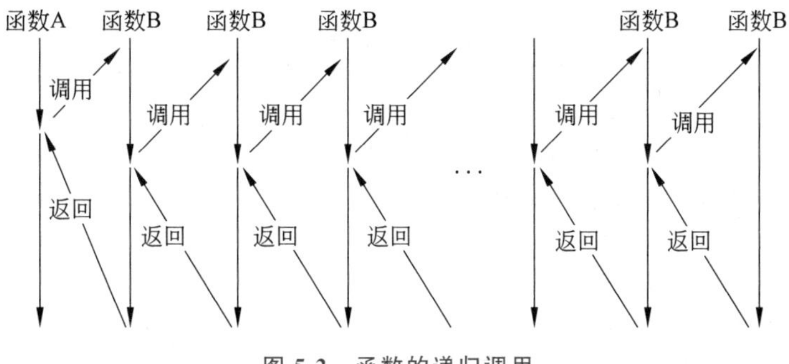

图 5-2 函数的递归调用

【例 5-9】 编程求斐波那契数列。

斐波那契数列(Fibonacci sequence)又称为黄金分割数列,因数学家莱昂纳多·斐波那契(Leonardoda Fibonacci)以兔子繁殖为例子而引入,故又称为"兔子数列",指这样一个数列:0、1、1、2、3、5、8、13、21、34、…。在数学上,斐波那契数列以如下递推的方法定义:

$$F(0)=0, F(1)=1, F(n)=F(n-1)+F(n-2)(n\geqslant 2, n\in N^{*})$$

```
#文件名:chpt5-9.py
def fib(n):
    ''' the nth Fibonacci number '''
    if n==0 or n==1:
        return n
    else:
        return fib(n-1) + fib(n-2)

print(fib(4))
```

函数的递归调用过程可以用图 5-3 表示。

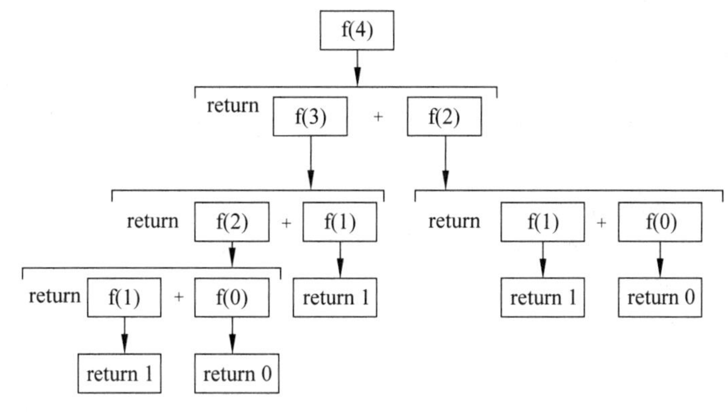

图 5-3 斐波那契数列的递归调用过程

5.6 函数综合应用

【例 5-10】 定义函数，统计各分数段的人数和占比，然后调用该函数，分别统计 80～100 分、60～79 分和 60 分以下的人数及占比。

```
#文件名:chpt5-10.py
def get_amount(low, high):
    '''统计 low~high 范围内的数据个数'''
    sc = [n for n in scores if n>=low and n<=high]
    amount = len(sc)
    total = len(scores)
    percent = amount / total
    return (amount, percent)

if __name__ == '__main__':                          #主程序的入口
    scores = [67,85,50,92,88,75,65,58,72,89]
    a1, p1 = get_amount(80, 100)                    #调用函数
    a2, p2 = get_amount(60, 79)
    a3, p3 = get_amount(0, 59)
    print('80 分以上的人数:{0},占比:{1:0.2%}'.format(a1, p1))
    print('60-79 分的人数:{0},占比:{1:0.2%}'.format(a2, p2))
    print('不及格人数:{0},占比:{1:0.2%}'.format(a3, p3))
```

Python 程序运行时默认从最顶端的语句开始逐行执行。当程序中包含自定义函数时，可以使用"if __name__=='__main__':"语句块指定主程序的入口，从而将整个程序分为主程序部分和子程序（函数）部分，使得整个程序的逻辑更清晰。

【例 5-11】 定义函数，模拟评委的评分过程。输入一组评分，去掉一个最高分和一个最低分后计算平均分。

```
#文件名:chpt5-11.py
def get_sc(x):
    '''获取一组评分,存入列表'''
    sc = []
    for i in range(x):
        n = input('请输入第{0}个评委的分数:'.format(i+1))
        n = float(n)
        sc.append(n)
    return sc

def get_avg(alist):
```

```
    '''删除最高分和最低分后计算平均分'''
    highest = max(alist)
    alist.remove(highest)
    lowest = min(alist)
    alist.remove(lowest)
    result = round(sum(alist)/len(alist), 2)
    return result

sc = get_sc(7)                                    #调用函数,得到分数列表
result = get_avg(sc)                              #调用函数,计算平均分
msg = '去掉一个最高分和一个最低分,平均得分:'
print(msg, result)
```

将一个复杂功能分割成若干小功能,每个小功能用函数实现,这样可以使主程序更简洁、逻辑更清晰。本例定义了两个函数,分别用于获取评分列表和计算平均分,提高了应用程序的模块性。

【例 5-12】 定义函数,实现词频统计功能。输出结果要求按词频高低排序。

```
#文件名:chpt5-12.py
def count_words(text):
    text = text.lower()
    alist = text.split()
    words_dict = {}
    for word in alist:
        if word not in words_dict:
            words_dict[word] = 1                  #添加单词
        else:
            words_dict[word] += 1                 #统计单词数
    return words_dict

text = 'The city was coverd by the green trees I like the green city'
result = count_words(text)
sorted_result = sorted(result.items(), key=lambda item: item[1],
                       reverse=True)
print('词频: \n', sorted_result)
```

5.7　本章小结

本章介绍了函数的定义与使用,主要内容如下。

(1) 函数能够提高应用程序的模块性和代码的重复利用率。

(2) 定义函数时通常需要指定若干形参；调用函数时需要通过实参传递数据，Python 解释器会根据实参的数据类型自动推断形参的类型。传递不同的实参可以得到不同的返回结果，增加了程序的灵活性。

(3) 传递参数时，既可以使用位置参数，也可以使用关键字参数。前者要求实参和形参的顺序必须严格一致，实参和形参的数量必须相同；后者可以按形参名称赋值，参数的顺序可以与函数定义中的不一致。

(4) 定义函数时可以为参数设置默认值，默认值参数必须出现在形参表的最后。调用函数时，如果没有传值，则函数会直接使用该参数的默认值。

(5) 调用函数时，如果需要传递不同数目的参数，则可以在函数定义中使用可变长参数。

(6) 变量作用域规定了变量起作用的代码范围。通常，在函数体中使用的变量为局部变量，在函数体外使用的变量为全局变量。通过 global 关键字可以在函数内定义或者使用全局变量。

(7) Lambda 表达式相当于只有一条 return 语句的函数，通常声明为匿名函数，作为另一个函数的参数。

(8) 递归调用是函数调用自身的一种特殊应用。递归必须有边界条件，即递归终止的条件。

5.8　习　　题

1. 定义函数，计算下列分段函数。然后调用自定义的函数，根据 x 值计算并输出分段函数的结果。

$$y=\begin{cases} x^2, & x<0 \\ 3x-5, & 0\leqslant x<5 \\ 0.5x-2, & x\geqslant 5 \end{cases}$$

2. 定义函数，计算水费。按照年度用水量计算，将居民家庭用水量划分为三档：当用水量不超过 180 立方米时，水价为 5 元/立方米；当用水量为 181～260 立方米时，水价为 7 元/立方米；当用水量超过 260 立方米时，水价为 9 元/立方米。

要求：使用 input 语句输入用水量，调用该函数计算水费。

3. 定义函数，计算三角形的面积。要求：使用 input 语句输入三角形的三边长，先判断是否可以构成三角形；如果可以，则调用函数计算面积，并输出计算结果；否则提示“无法构成三角形”。

4. 定义函数，求 n 的阶乘，默认 n=10。然后调用该函数，任意传递一个正整数，计算该数的阶乘并输出计算结果。

5. 有以下水果价格字典，要求：

```
{'apple': 12.6, 'grape': 21.0, 'orange': 8.8, 'banana': 10.8, 'pear': 6.5}
```

(1) 定义函数,统计某个价格段中的水果数量。调用该函数,统计任意一个价格段中的水果数量并输出统计结果。

(2) 定义函数,可以同时查询多种水果的价格。调用该函数,显示查询结果。

(3) 使用 Lambda 表达式按价格高低对字典进行排序,并输出排序结果。

第6章 文件与目录操作

Chapter 6

文件是数据持久存储的重要方式。Python 数据分析涉及从不同来源、不同类型的文件中获取数据、处理数据并将处理结果保存到文件中。除了使用 Office、记事本、数据库等软件实现各类文件的查看、修改和保存等功能，利用 Python 程序也可以实现对文件的操作。本章介绍常用文件和目录的基本操作方法。

6.1 文件概念

在程序执行过程，可以将整型、浮点型、字符串、列表、元组、字典、集合等类型的数据赋值给变量进行处理，处理结果可以通过 print 语句显示在屏幕上。这些数据都是临时存储在内存中，退出程序或关机后，数据就会丢失。如果要持久地存储数据或数据处理的结果，就需要将数据保存到文件中。当程序运行结束或关机后，存储在文件中的数据不会丢失，以后还可以重复使用，并且可以在不同程序之间共享。

文件是数据的抽象和集合，是数据持久存储的重要方式。日常工作中经常使用的 Word、Excel、记事本、数据库文件、图像文件、音视频文件等都以不同的文件形式存储在外部存储设备(如硬盘、U 盘、光盘等)，程序在执行过程中需要使用这些数据时，再从外存读入内存。

按数据的组织形式，文件分为文本文件和二进制文件。

(1) 文本文件

文本文件存储的是字符串，采用单一特定编码(如 UTF-8 编码)，由若干文本行组成，通常每行都以换行符“\n”结尾。扩展名为 txt、csv 等格式的文件都是常见的文本文件，在 Windows 系统中可以用记事本查看和编辑。

(2) 二进制文件

二进制文件把信息以字节串的形式进行存储，无法直接用记事本等普通的文本处理软件编辑和阅读，需要进行解码才能正确地显示、修改或执行。图像文件、音视频文件、可执行文件等都属于二进制文件。

在 Python 程序中，除了可以直接操作 txt 格式的文件，还可以通过 Python 标准库和丰富的第三方库所提供的方法对多种格式的文件进行管理和操作，如表6-1所示。

表6-1　常见文件及其使用的Python库

文　　件	Python库
txt文件	不需要其他库
csv文件	csv、pandas
Excel文件	xlrd、xlwt、openpyxl、pandas
Word文件	docx
json文件	json
MySQL数据库	pymysql

本章主要讲解文本文件的基本操作和csv文件的读写方法，以建立Python文件操作的基本概念。基于Pandas库的csv、Excel等文件的读写操作请参见第8章，其他格式的文件访问可以参考相关库的说明文档。

6.2　文件基本操作

利用程序操作计算机本地文件的步骤一般如下。

① 打开文件。指定要打开的文件的路径和名称，创建一个文件对象。

② 通过该文件对象对文件内容进行读取、写入、修改、删除等操作。

③ 关闭并保存文件。

6.2.1　文件的打开与关闭

1. 文件的打开

使用open()函数可以打开一个文件并返回文件对象。如果指定的文件不存在、访问权限不够、磁盘空间不足或因其他原因而导致创建文件对象失败，则抛出异常。

【语法】

```
open(file, mode, encoding)
```

功能：根据指定的操作模式打开文件，并返回一个文件对象。

说明：

- file：用字符串表示的文件名称。如果文件不在当前目录中，则需要指定文件路径。
- mode：文件打开模式，如表6-2所示。默认模式为'rt'，表示以只读方式打开文本文件。

以不同模式打开文件，文件指针的初始位置不同，文件的处理策略也有所不同。例如,以只读方式打开的文件无法进行写入操作。

- encoding：字符编码格式。可以使用 Python 支持的任何格式,如 ASCII、CP936、GBK、UTF-8 等。读写文本文件时应注意编码格式的设置,否则会影响内容的正确识别和处理。

open()函数中的其他参数选项及其作用可查阅相关帮助文档。

表 6-2 文件操作模式

模式	描述
r	以只读模式打开(默认模式)。如果文件不存在,则会报错
w	以写模式打开。如果文件已存在,则先清空原有内容
x	以写模式打开。新建一个文件,如果文件已存在,则会报错
a	以追加模式打开,文件指针会放在文件的结尾。如果文件不存在,则创建新文件进行写入
t	文本模式(默认模式)
b	二进制模式
+	读、写模式,可与其他模式组合使用,如 r+、w+、a+都表示可读可写

调用 open()函数时,如果要打开的文件在当前目录下,则第一个参数可以直接使用文件名,否则需要在文件名中包含路径。

【注意】 *文件路径中的分隔符"\"需要加转义符"\"。为减少路径分隔符的输入,可以在包含路径的文件名前面加上"r"或"R",表示使用原始字符串。*

```
f = open("test.txt", "r")            #以只读模式打开当前目录下的文件
f = open(r"d:\test.txt", "w")        #以写模式打开 D 盘中的文件
f = open("d:\\test.txt", "w")        #文件路径中加转义字符
```

执行成功后,会返回一个文件对象,如上面的变量 f,利用文件对象可以进行文件的读写操作。如果指定的文件不存在或者因访问权限不够等原因而导致无法创建文件对象,则会抛出异常。

2. 文件的关闭

使用 open 语句打开文件,执行读写操作后,需要使用文件对象的 close()方法关闭文件,才能够将文件操作的结果保存到文件中。例如,关闭打开的文件对象 f 所使用的语句是 f.close()。

文件在打开并操作完成之后应及时关闭,否则程序的运行可能会出现问题。在打开的文本文件中写入数据时,Python 出于效率的考虑会先将数据临时存储到缓冲区,只有使用 close()方法关闭文件时,才会将缓冲区中的数据真正写入文件。

3. 上下文管理语句

使用 with 语句进行文件读写可以自动管理资源,不论因什么原因而跳出 with 代码

块，with 语句总能保证文件被正确关闭。例如，

```
with open(filename,mode, encoding) as f:
    #这里可以通过文件对象 f 进行文件访问
```

6.2.2　文件的读写

文件对象常用的读写方法如表 6-3 所示。

表 6-3　文件对象常用的读写方法

方　　法	说　　明
read([size])	读取 size 个字符或字节的数据，返回一个字符串 省略 size，表示读取所有内容，并返回一个字符串
readline()	读取一行文本，返回一个字符串
readlines()	读取多行文本，将每行文本作为一个字符串存入列表并返回该列表
write(s)	把字符串 s 的内容写入文件，并返回 s 的长度
writelines(s)	把字符串列表 s 中的内容写入文件(不添加换行符)
seek(offset,[,whence])	在文件中移动文件指针，offset 表示相对于 whence 的字节偏移量。 whence 的取值：0 表示文件头部，1 表示当前位置，2 表示文件尾部
tell()	返回文件指针的当前位置

使用方法如下。

```
>>> fw = open(r"d:\mypython\test1.txt", "w")        #以写模式打开
>>> fw.write("Tom")                                 #写入
3                                                   #返回写入的字符串长度
>>> fw.write("Linda")
5
>>> fw.close()                                      #关闭并保存文件
>>> fr = open(r"d:\mypython\test1.txt", "r")        #以只读模式打开
>>> fr.read(3)                                      #读取 3 个字符
'Tom'
>>> fr.tell()                                       #返回文件指针的当前位置
3
>>> fr.read(5)
'Linda'
>>> fr.tell()
8
>>> fr.seek(3,0)                                    #移动文件指针
3
>>> fr.read(5)
```

```
'Linda'
>>> fr.close()                                    #关闭文件,操作结束
```

打开新建的文件 test1.txt,其内容如图 6-1 所示。

使用上下文管理语句 with 读写文件。

```
>>> with open(r"d:\mypython\test2.txt", "w") as fw:
        fw.write('I am Linda.')
        fw.write('\n')                            #添加换行符
        fw.write('I like reading.')


11
1
15
```

打开新建的文件 test2.txt,其内容如图 6-2 所示。

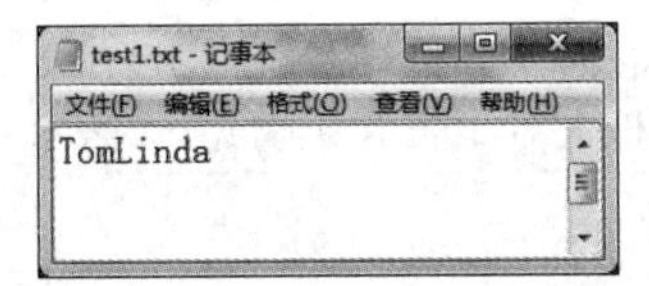

图 6-1 test1.txt 的文件内容

图 6-2 test2.txt 的文件内容

【例 6-1】 从文件 data1.txt 中读取一组商品编号数据(数据之间用英文逗号分隔),取出各编号的前 2 位(表示商品的类别码),然后去除重复的类别码,并按类别码排序。

```
#文件名:chpt6-1.py
with open(r"d:\mypython\data1.txt", "r") as fr:
    codes = fr.read()                             #读取所有数据,返回一个字符串
    print(codes)
alist = codes.split(',')                          #分隔字符串,返回一个字符串列表
codes = [c[0:2] for c in alist]                   #截取编号的前 2 位
print(codes)
uni_codes = set(codes)                            #去除重复的类别码
uni_codes = sorted(list(uni_codes))               #排序
print(uni_codes)
```

执行程序,结果如图 6-3 所示。

```
AA01, AB01, CF13, CK01, AB02, AB03, AP03, BA01, BC01, CF10, AA03, CF12, DD01, DS51, DB01
['AA', 'AB', 'CF', 'CK', 'AB', 'AB', 'AP', 'BA', 'BC', 'CF', 'AA', 'CF', 'DD', 'DS', 'DB']
['AA', 'AB', 'AP', 'BA', 'BC', 'CF', 'CK', 'DB', 'DD', 'DS']
```

图 6-3 例 6-1 的执行结果

【例 6-2】 从文件 data2.txt 中读取一组销量数据(数据之间用英文逗号分隔),计算平均销量。

```
#文件名:chpt6-2.py
with open(r'd:\mypython\data2.txt', 'r') as fr:
    data = fr.read()
alist = data.split(',')
num_list = [int(s) for s in alist]                    #转换为整型数列表
n_sum = sum(num_list)
n_len = len(num_list)
print(n_sum/n_len)
```

【例 6-3】 创建文件 zh_name.txt,用来存放中文姓名,每行对应一个名字。然后修改文件,在每行的前面添加一个序号,并将修改结果存入另一个文件 new_name.txt。

读写中文文档通常采用 UTF-8 编码,使用 writelines()方法可以一次性写入多行数据,各行数据都存放在字符串列表中。使用 readlines()方法可以一次性读取多行内容。

```
#文件名:chpt6-3.py
names = ["张三\n", "李四\n", "王五\n"]
with open(r"d:\mypython\zh_name.txt", "w", encoding="utf-8") as fw:
    fw.writelines(names)                              #写入多行
with open(r"d:\mypython\zh_name.txt","r", encoding="utf-8") as fr:
    names = fr.readlines()                            #读取多行,返回字符串列表
for i, name in enumerate(names):
    names[i] = str(i+1) + ' ' + name                  #修改列表元素
with open(r"d:\mypython\new_name.txt", "w", encoding="utf-8") as fw:
    fw.writelines(names)                              #修改的结果写入新文件
```

打开文件 new_name.txt,其内容如图 6-4 所示。

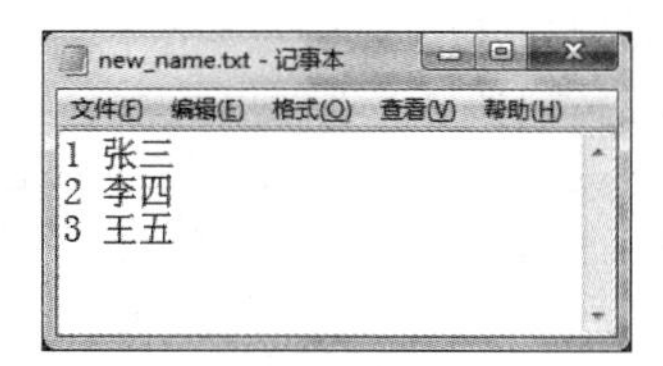

图 6-4　new_name.txt 的文件内容

6.3　csv 文件操作

csv(Comma-Separated Values,逗号分隔值)是一种以逗号作为分隔符的纯文本文件格式,通常用于存储表格形式的数据,每行具有相同的列数,各列之间默认用逗号分隔(也

可以是其他分隔符)。在数据库或电子表格中,csv是最常见的导入/导出格式,它以一种简单明了的方式存储和共享数据。

csv文件可以用记事本和Excel程序打开,如图6-5所示。

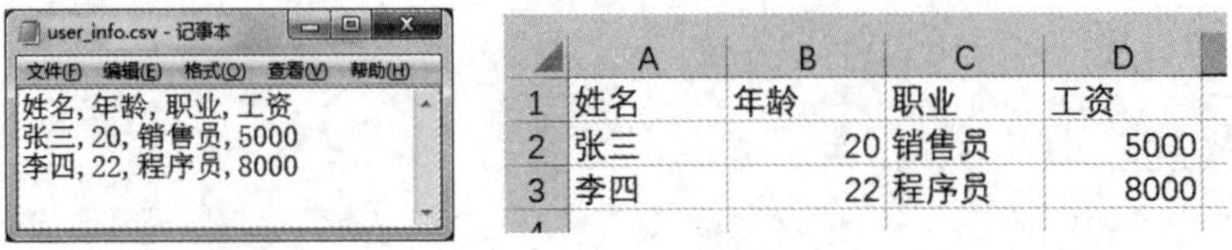

user_info.csv - 记事本
文件(F) 编辑(E) 格式(O) 查看(V) 帮助(H)
姓名,年龄,职业,工资
张三,20,销售员,5000
李四,22,程序员,8000

	A	B	C	D
1	姓名	年龄	职业	工资
2	张三	20	销售员	5000
3	李四	22	程序员	8000

图6-5　CSV文件示例

Python提供了csv标准库,通过csv模块的writer()函数和reader()函数可以创建用于读写csv文件的对象,方便地进行csv文件访问。

【语法】

```
writer(fileobj)
```

功能:根据文件对象fileobj创建并返回一个用于写操作的csv文件对象。调用该csv文件对象的writerow()方法或writerows()方法可以将一行或多行数据写入csv文件。

【语法】

```
reader(iterable)
```

功能:根据可迭代对象iterable(如文件对象或列表)创建并返回一个用于读操作的csv文件对象。该csv文件对象每次可以迭代csv文件中的一行,并将该行中的各列数据以字符串的形式存入列表后再返回该列表。

【例6-4】 将列表中的用户信息写入文件user_info.csv,然后读取文件内容。

```
#文件名:chpt6-4.py
import csv
data = [['姓名','年龄','职业','工资'],
        ['张三',20,'销售员',5000],
        ['李四',22,'程序员',8000]]
with open(r'd:\mypython\user_info.csv', 'w', newline='') as f:
    csv_writer = csv.writer(f)                      #返回写csv文件的对象
    for row in data:
        csv_writer.writerow(row)                    #逐行写入列表内容
with open(r'd:\mypython\user_info.csv', 'r') as f:
    csv_reader = csv.reader(f)                      #返回读csv文件的对象
    for row in csv_reader:                          #迭代每行内容,返回一个列表
        print(row)
```

在本例中,data是一个嵌套列表,包含3个子列表,第一个子列表是说明信息,第二个和第三个子列表分别对应两条记录。open()函数中的参数newline用于控制通用换行模

式，其值可以是 None、''、'\n'、'\r' 和 '\r\n'，newline=''表示禁用通用换行符，否则会在每行内容的后面插入一个空行。

csv_reader 是一个可迭代对象，它每次迭代 csv 文件中的一行，并将该行中的各列数据以字符串的形式存入列表后再返回该列表。

执行程序，生成 user_info.csv 文件，文件内容如图 6-5 所示。程序的输出结果如图 6-6 所示。

```
['姓名', '年龄', '职业', '工资']
['张三', '20', '销售员', '5000']
['李四', '22', '程序员', '8000']
```

图 6-6　例 6-4 的执行结果

【例 6-5】 读取文件 user_info.csv，计算工资收入的最大值。

```
#文件名:chpt6-5.py
import csv
salary = []
with open(r'd:\mypython\user_info.csv', 'r') as f:
    csv_reader = csv.reader(f)
    header_row = next(csv_reader)                    #返回第一行
    for row in csv_reader:
        salary.append(int(row[3]))                   #将当前行的工资数据添加到列表
print(salary)                                        #结果:[5000, 8000]
print('最高工资为:' + str(max(salary)))
```

计算工资收入的最大值需要从 user_info.csv 文件中获取“工资”一列的所有值。文件的第一行为表头，执行 next()操作，从可迭代对象 csv_reader 中返回第一个元素(对应表头行)，然后利用 for 循环访问 csv_reader 中的其他元素，即从第二个元素(对应文件的第 2 行)开始迭代，将每行数据中索引值为 3 的元素加入 sallary 列表，得到“工资”一列的所有值，再统计最高工资。

6.4　目录常用操作

Python 内置的 os 模块提供了许多目录与文件的操作方法，常用操作如表 6-4 所示。

表 6-4　常用的目录操作

函 数 名	说　　明
listdir(dir)	目录列表
scandir(dir)	遍历目录，返回包含指定目录中所有 DirEntry 对象的迭代对象
mkdir(dir)	创建 dir 指定的目录
rmdir(dir)	删除 dir 指定的目录
getcwd()	获取当前目录
chdir(dir)	将当前工作目录修改为 dir
path.isdir(dir)	判断指定的 dir 是否是目录

假设 Windows 系统下的 D 盘中有名为 my_dir 的文件夹，该文件夹的目录包含以下内容。

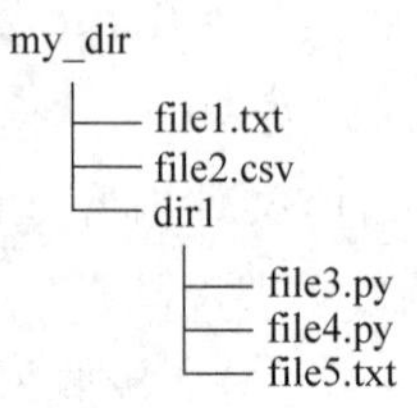

通过以下代码可以对目录进行访问。

```
>>> import os
>>> os.chdir(r"d:\my_dir")                          #改变当前工作目录
>>> os.getcwd()                                     #获取当前目录
'd:\\my_dir'
>>> os.listdir(".")                                 #显示当前目录列表
['dir1', 'file1.txt', 'file2.csv']
>>> os.listdir(r"d:\my_dir")
['dir1', 'file1.txt', 'file2.csv']
>>> os.mkdir(os.getcwd() + '\\test')                #创建 test 子目录
>>> os.listdir(".")
['dir1', 'file1.txt', 'file2.csv', 'test']
>>> os.rmdir(os.getcwd() + '\\test')                #删除 test 子目录
>>> os.listdir(os.getcwd())
['dir1', 'file1.txt', 'file2.csv']
>>> os.scandir(r"d:\my_dir\dir1")                   #返回的是一个可迭代对象
<nt.ScandirIterator object at 0x0344E9D8>
>>> for item in os.scandir(r"d:\my_dir\dir1"):
        print(item.name)

file3.py
file4.py
file5.txt
```

6.5 文件操作综合应用

【例 6-6】 从文件 data3.txt 中读取英文短文，每篇短文占一行，计算每篇短文的长度。

```
#文件名:chpt6-6.py
with open(r'd:\mypython\data3.txt', 'r') as f:
    for line in f:
```

```
        print(line.strip())
        text = len(line.strip())
        print('长度:' + str(text))
```

open()函数返回的文件对象是一个可迭代对象。本例直接对文件对象 f 进行迭代，读取文件中的每一行，利用 strip()方法删除文本串两端的空白字符后计算文本长度。

【例 6-7】 从文件 data4.txt 中读取各组学生的成绩(浮点数)，一行对应一组成绩，每个成绩值用空格分隔。将各组成绩合并在一起并按升序排序，将排序结果写入文件 data4_sorted.txt。

```
#文件名:chpt6-7.py
scores = []
with open(r'd:\mypython\data4.txt', 'r') as fr:
    for line in fr:
        line = line.strip()                              #删除文本串两端的空白字符
        alist = line.split()                             #返回字符串列表
        scores.extend(alist)                             #合并数据
print('scores 1: ', scores)

scores = [float(sc) for sc in scores]                    #转换为浮点数
print('scores 2: ', scores)
scores.sort()                                            #排序
print('scores 3: ', scores)

#排序结果写入新文件
with open(r'd:\mypython\data4_sorted.txt', 'w') as fw:
    for sc in scores:
        fw.write(str(sc) + ' ')                          #每个数据之间用空格分隔
```

从文件读入的数据为字符串类型，先转换为数字类型，再按数值大小排序。调用 write()方法执行写文件操作时，需要将数字类型转换为字符串类型。图 6-7 所示为 data4.txt 文件和 data4_sorted.txt 文件的内容。

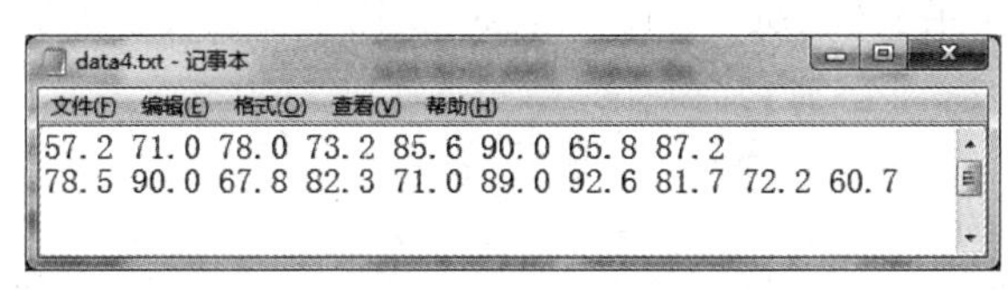

data4_sorted.txt - 记事本
文件(F) 编辑(E) 格式(O) 查看(V) 帮助(H)
57.2 60.7 65.8 67.8 71.0 71.0 72.2 73.2 78.0 78.5 81.7 82.3 85.6 87.2 89.0 90.0 90.0 92.6

图 6-7　data4.txt 文件和 data4_sorted.txt 文件的内容

【例 6-8】 在指定目录下有 3 个 csv 文件，分别存储了 3 门课程的学生成绩（整数）。请分别统计 3 门课程的最高分、最低分和平均分，并将统计结果写入新的 csv 文件。

```
#文件名:chpt6-8.py
import os
import csv

def cal(alist):
    '''统计最高分、最低分和平均分'''
    sc_max = max(alist)
    sc_min = min(alist)
    sc_avg = round(sum(alist) / len(alist), 1)
    return (sc_max, sc_min, sc_avg)

file_dir = r"d:\mypython\course"
fnames = os.listdir(file_dir)                           #返回文件名列表
result = []
for fname in fnames:
    fpath = os.path.join(file_dir, fname)               #将路径和文件名拼接在一起
    with open(fpath, 'r') as fr:
        csv_reader = csv.reader(fr)
        scores = next(csv_reader)                       #获取文件内容
    sc_list = [int(sc) for sc in scores]
    rs = cal(sc_list)
    result.append(rs)                                   #将每组统计结果添加到列表

#将列表中的统计结果写入 csv 文件
with open(r'd:\mypython\course_result.csv', 'w', newline='') as fw:
    csv_writer = csv.writer(fw)
    head_row = ['max', 'min', 'average']
    csv_writer.writerow(head_row)                       #写入表头行
    csv_writer.writerows(result)                        #写入统计结果
```

执行程序，生成结果文件 course_result.csv，其内容如图 6-8 所示。

	A	B	C	D
1	max	min	average	
2	96	65	80.3	
3	95	67	83.1	
4	92	63	79.6	
5				

图 6-8 course_result.csv 文件的内容

6.6 本章小结

本章介绍了常用文件和目录的基本操作，主要内容如下。

(1) 文件是数据的抽象和集合，文件方式可以持久地保存数据。Python通过标准库和丰富的第三方库提供了多种格式文件的管理与操作。

(2) Python程序对计算机本地文件进行操作的一般步骤为：打开文件并创建文件对象；通过文件对象进行文件内容的读取、写入、删除、修改等操作；关闭文件并保存文件的内容。

(3) 对于文件访问操作，推荐使用上下文管理语句with，不论因什么原因而跳出with代码块，with语句总能保证文件被正确关闭。

(4) 在数据库或电子表格中，csv是最常见的导入/导出格式，它以一种简单而明了的方式存储和共享数据，Python的csv标准库提供了csv文件的读写方法。

(5) Python标准库的os模块提供了目录与文件的操作方法。

6.7 习　　题

1. 使用input语句输入10名学生的学号和姓名，并将其保存到“学生信息.txt”文件中。学号和姓名用逗号分隔，每行保存一名学生的信息。

2. 文件score.txt中存储了5名学生的6门课程的成绩，共5行。读取该文件，统计每个学生的平均分，并将统计结果存入文件score_avg.txt，如图6-9所示。

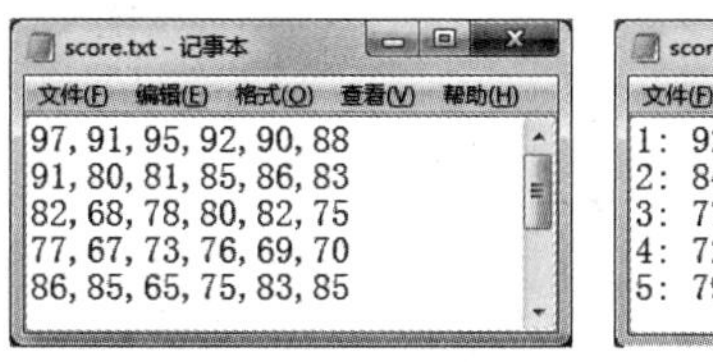

score.txt - 记事本

文件(F) 编辑(E) 格式(O) 查看(V) 帮助(H)

97, 91, 95, 92, 90, 88
91, 80, 81, 85, 86, 83
82, 68, 78, 80, 82, 75
77, 67, 73, 76, 69, 70
86, 85, 65, 75, 83, 85

score_avg.txt - 记事本

文件(F) 编辑(E) 格式(O) 查看(V) 帮助(H)

1: 92.2
2: 84.3
3: 77.5
4: 72.0
5: 79.8

图6-9 score.txt和score_avg.txt文件的内容

3. 使用代码方式创建文件goods.csv，保存图6-10所示的商品信息，然后读取文件内容，并计算商品的最高进价。

	A	B	C	D	E
1	商品名称	进价	产地	库存	销售价
2	围巾	15	江苏	50	21.6
3	运动服	130	北京	20	210
4	T-恤	38	上海	125	65.8
5	卫衣	90	广东	62	126.5
6					

图6-10 goods.csv文件的内容

第 7 章

Chapter 7

NumPy 数值计算

NumPy 是 Numerical Python 的简写，它是开源的 Python 科学计算库，支持多维数组与矩阵运算。NumPy 的运算速度快，占用的资源少，并提供大量的数学函数，为数据科学提供了强大的科学计算环境，是学习数据分析和机器学习相关算法的重要基础。

本章介绍 NumPy 一维数组和二维数组的基本使用方法，并通过实例加以应用。

7.1 数组的创建与访问

NumPy 的数据结构是 N 维(多维)的数组对象，称为 ndarray。数组中通常存储的都是相同类型的数据，并且数组的维度和大小必须事先确定。

使用 NumPy 库前必须先执行下列导入操作。

```
import numpy as np                                          #导入 numpy 模块
```

后文中的 np 均指 numPy 模块，不再赘述。

7.1.1 创建数组

NumPy 提供了多种创建数组的方法，可以创建多种形式的数组。本节主要介绍创建一维数组和二维数组的常用方法。

一维数组只有一个维度，二维数组有两个维度，从形式上可以看作一个由行和列构成的二维表格，每个维度对应一个轴(axis)。图 7-1 所示是一个二维数组的示意图，包含 3 行 4 列，第 1 维度(即第 0 轴)有 3 行，第 2 维度(即第 1 轴)有 4 列。

第1轴

第0轴				
	1	2	3	4
	5	6	7	8
	9	10	11	12

图 7-1 二维数组示意图

1. 使用 array()函数创建数组对象

使用 array()函数可以将 Python 序列对象或可迭代对象转换为 NumPy 数组。

```
>>> arr = np.array([1, 2, 3])                    #列表转换为数组
>>> arr
array([1, 2, 3])
>>> type(arr)                                     #查看数据类型
<class 'numpy.ndarray'>
>>> np.array((1, 2, 3), dtype=np.float64)        #元组转换为数组,数据类型为 float
array([1., 2., 3.])
>>> np.array(range(5))                            #range 对象转换为数组
array([0, 1, 2, 3, 4])
>>> np.array([[1, 2, 3], [4, 5, 6]])             #嵌套列表转换为二维数组
array([[1, 2, 3],
       [4, 5, 6]])
```

2. 使用 arange()函数创建数组

【语法】

```
arange(start, stop, step)
```

用法类似 Python 的内置函数 range()。

```
>>> np.arange(8)                    #创建 0~7(不包括 8)的间隔为 1 的数组
array([0, 1, 2, 3, 4, 5, 6, 7])
>>> np.arange(1, 10, 2)
array([1, 3, 5, 7, 9])
```

3. 创建随机数数组

使用 numpy.random 模块中的函数可以创建随机整数数组、随机小数数组、符合正态分布的随机数数组等。

说明：由于是随机数,所以每次的执行结果都不完全相同。

```
>>> np.random.randint(0, 50, 6)                       #[0,50)的 6 个随机整数
array([48, 47, 44, 28, 24,  8])
>>> np.random.randint(0, 50, size=(2,3))              #2 行 3 列的随机整数
array([[31, 47, 30],
       [13, 20,  2]])
>>> np.random.rand(3)                                 #[0,1)均匀分布的随机数
array([0.84107281, 0.30889321, 0.61833635])
>>> np.random.standard_normal(3)                      #符合标准正态分布的随机数
array([1.23715527, -0.64737676,  0.52522173])
```

4. 创建数组的其他方式

NumPy 还提供了很多创建数组的其他函数，如表 7-1 所示。

表 7-1 NumPy 中创建数组的其他常用函数

函　数	功　能
zeros()	创建元素全为 0 的数组
ones()	创建元素全为 1 的数组
full()	创建元素全为某个指定值的数组
linspace()	用指定的起始值、终止值和元素个数创建一个等差数列
logspace()	用指定的起始值、终止值和元素个数创建一个对数数列
identity()	创建单位矩阵

使用方法如下。

```
>>> np.zeros(3)
array([0., 0., 0.])
>>> np.ones((2,3))                          #元素为 1 的二维数组
array([[1., 1., 1.],
       [1., 1., 1.]])
>>> np.full((2, 3), 6)                      #元素为 6 的二维数组
array([[6, 6, 6],
       [6, 6, 6]])
>>> np.linspace(0, 1, 5)
array([0.  , 0.25, 0.5 , 0.75, 1.  ])
>>> np.identity(3)
array([[1., 0., 0.],
       [0., 1., 0.],
       [0., 0., 1.]])
```

7.1.2 查看数组属性

通过 NumPy 对象的 shape、ndim、size、dtype 等属性可以查看数组的形状、维度、大小和元素的数据类型。

使用方法如下。

```
>>> a1 = np.arange(10)
>>> a1
array([0, 1, 2, 3, 4, 5, 6, 7, 8, 9])
>>> a1.shape                                #查看形状:一组数组
```

```
(10,)
>>> a1.ndim                                   #查看维度
1
>>> a1.size                                   #查看大小,有10个元素
10
>>> a2 = np.array([[1,2,3],[4,5,6]])
>>> a2.shape                                  #二维数组
(2, 3)
>>> a2.ndim
2
>>> a2.size
6
>>> a2.dtype                                  #元素的数据类型为整型
dtype('int32')
>>> b2 = a2.astype(float)                     #数据类型更改为float
>>> b2.dtype
dtype('float64')
```

说明：利用shape属性查看数组形状时,以元组形式返回各个维度的维数：元组中包含的元素个数表示维数,每个元素值表示对应维度的数据量,即每个轴的长度。

7.1.3　访问数组

一维数组只有一个维度的下标,二维数组有横向和纵向两个维度的下标,既可以通过下标访问数组元素,也可以利用布尔型索引选择数组元素。

1. 下标访问

(1) 访问一维数组

【格式】

```
数组对象名[下标]
```

说明：

- 可以使用索引、切片、列表作为下标。
- 索引和切片的使用方法与访问列表相同。数组也支持双向索引,当正整数作为下标时,0表示第1个元素,1表示第2个元素,以此类推;当负整数作为下标时,−1表示最后1个元素,−2表示倒数第2个元素,以此类推。

```
>>> a = np.arange(10,21,2)
>>> a
array([10, 12, 14, 16, 18, 20])
>>> a[3]                                      #索引访问
16
```

```
>>> a[-1]
20
>>> a[0:3]                              #切片访问:获取前 3 个元素
array([10, 12, 14])
>>> a[::2]                              #从 0 位置开始,间隔 2 个步长获取元素
array([10, 14, 18])
>>> a[[1, 2, 5]]                        #列表作为下标:获取 1、2、5 位置的元素
array([12, 14, 20])
```

(2) 访问二维数组

【格式 1】

数组对象名[行下标]

说明：按行访问，行下标可以是索引、切片或列表形式。

```
>>> a = np.array(([1,2,3],[4,5,6],[7,8,9]))
>>> a
array([[1, 2, 3],
       [4, 5, 6],
       [7, 8, 9]])
>>> a[0]                                #返回第 0 行的所有元素
array([1, 2, 3])
>>> a[0:2]                              #返回前 2 行的所有元素
array([[1, 2, 3],
       [4, 5, 6]])
>>> a[[0,2]]                            #返回第 0 行和第 2 行的所有元素
array([[1, 2, 3],
       [7, 8, 9]])
```

【格式 2】

数组对象名[行下标, 列下标]

说明：

- 通过行和列两个维度定位元素。行下标和列下标可以是索引、切片或列表形式。
- 使用“:”可以表示所有行或所有列。

```
>>> a = np.array(([1,2,3,4],[5,6,7,8],[9,10,11,12]))
>>> a
array([[ 1,  2,  3,  4],
       [ 5,  6,  7,  8],
       [ 9, 10, 11, 12]])
```

```
>>> a[0, 2]                          #返回第 0 行第 2 列位置上的元素
3
>>> a[0:2, 1:3]                      #返回第 0~1 行的第 1~2 列区域中的元素
array([[2, 3],
       [6, 7]])
>>> a[0, 1:3]                        #返回第 0 行的第 1~2 列区域中的元素
array([2, 3])
>>> a[[0,2], 1:3]                    #返回第 0 行和第 2 行的第 1~2 列区域中的元素
array([[ 2,  3],
       [10, 11]])
>>> a[:, 1:3]                        #返回所有行的第 1~2 列区域中的元素
array([[ 2,  3],
       [ 6,  7],
       [10, 11]])
```

2. 布尔型索引访问

【格式】

数组对象名[布尔型索引]

说明：布尔型索引通过一组布尔值（True 或 False）对 NumPy 数组进行取值操作，返回数组中索引值为 True 的位置上的元素。通常利用数组的条件运算（也称为布尔运算，详见 7.2 节）得到一组布尔值，再通过这组布尔值从数组中选出满足条件的元素。

```
>>> a = np.arange(10, 21, 2)
>>> a
array([10, 12, 14, 16, 18, 20])
>>> a > 15                                            #返回一组布尔值
array([False, False, False,  True,  True,  True])
>>> a[a > 15]                                         #选择大于 15 的数组元素
array([16, 18, 20])
```

7.1.4　修改数组

对于已经建立的数组，可以修改数组元素，也可以改变数组的形状。

1. 修改数组元素

使用下列 NumPy 函数可以添加或删除数组元素。这些操作会返回一个新的数组，原数组不受影响。

- append()：追加一个元素或一组元素。
- insert()：在指定位置插入一个元素或一组元素。
- delete()：删除指定位置上的一个元素。

通过为数组元素重新赋值可以修改数组元素，赋值操作会改变原来的数组。

【注意】 赋值操作属于“原地修改”，即操作结果会影响原来的对象。

使用方法如下。

```
>>> x = np.arange(8)
>>> x
array([0, 1, 2, 3, 4, 5, 6, 7])
>>> y = np.append(x, 8)                    #追加一个元素，返回一个新的数组
>>> y
array([0, 1, 2, 3, 4, 5, 6, 7, 8])
>>> np.append(x, [9, 10])                  #追加一组元素
array([0, 1, 2, 3, 4, 5, 6, 7, 9, 10])
>>> np.insert(x, 1, 8)                     #在下标为 1 的位置处插入元素 8
array([0, 8, 1, 2, 3, 4, 5, 6, 7])
>>> np.delete(x, 1)                        #删除下标为 1 的位置上的元素
array([0, 2, 3, 4, 5, 6, 7])
>>> x[3] = 8                               #修改元素值
>>> x
array([0, 1, 2, 8, 4, 5, 6, 7])
```

2. 数组的形状变换

使用数组对象的 shape 属性和 reshape()、flatten()、ravel()等方法可以在保持元素数目不变的情况下改变数组的形状，即改变数组每个轴的长度。

```
>>> a = np.arange(1, 9)
>>> a
array([1, 2, 3, 4, 5, 6, 7, 8])
>>> a.shape = 2, 4                         #改变形状为 2 行 4 列
>>> a
array([[1, 2, 3, 4],
       [5, 6, 7, 8]])
>>> a.reshape(4,2)                         #返回 4 行 2 列的新数组
array([[1, 2],
       [3, 4],
       [5, 6],
       [7, 8]])
>>> a = a.flatten()                        #展平为一维数组
>>> a
array([1, 2, 3, 4, 5, 6, 7, 8])
>>> a.shape = 2, -1                        #自动计算第 2 维的大小
>>> a
array([[1, 2, 3, 4],
       [5, 6, 7, 8]])
```

说明：

- 修改shape属性会直接改变原数组的形状，这种操作称为原地修改。reshape()、flatten()、ravel()等方法不会影响原数组，而是返回一个改变形状的新数组。
- 改变数组形状时，可以将某个轴的大小设置为-1，Python会根据数组元素的个数和其他轴的长度自动计算该轴的长度。

7.2 数组的运算

创建数组后，可以对数组进行算术运算、布尔运算、点积运算和统计运算等。

1. 数组的转置

数组的转置是指交换数组的维度，可以使用数组对象的T转置操作完成。

```
>>> a1 = np.array([1,2,3])
>>> a1
array([1, 2, 3])
>>> a1.T                                        #一维数组转置后和原来是一样的
array([1, 2, 3])
>>> a2 = np.array(([1, 2, 3], [5, 6, 7]))       #2行3列的数组
>>> a2
array([[1, 2, 3],
       [5, 6, 7]])
>>> a2.T                                        #转置为3行2列
array([[1, 5],
       [2, 6],
       [3, 7]])
```

2. 数组的算术运算

(1) 数组与标量的算术运算

标量就是一个数值。可以使用算术运算符和数学函数对数组和标量进行算术运算，如表7-2所示。

表7-2 NumPy中的算术运算符和相应的数学函数

算术运算	算术运算符	数学函数	算术运算	算术运算符	数学函数
加	+	add	整除	//	divmod
减	−	subtract	取余	%	remainder
乘	*	multiply	乘方	**	power
除	/	divide	开方		sqrt

当数组与标量进行算术运算时，数组中的每个元素都与标量进行运算，结果返回新的数组。对于除法运算和乘方运算，标量在前和在后时的运算方法是不同的。

```
>>> a = np.array((1, 2, 3, 4, 5))
>>> a
array([1, 2, 3, 4, 5])
>>> a + 2                                    #相加
array([3, 4, 5, 6, 7])
>>> a / 2                                    #相除
array([ 0.5, 1. , 1.5, 2. , 2.5])
>>> a ** 2                                   #计算数组中每个元素的 2 次方
array([1,  4,  9, 16, 25], dtype=int32)
>>> 2 ** a                                   #数组中的元素分别作为 2 的幂次方
array([2, 4, 8, 16, 32], dtype=int32)
>>> 2 / a                                    #2 与数组中的每个元素相除
array([2. ,1. ,0.66666667, 0.5, 0.4])
>>> np.multiply(a, 2)                        #相乘
array([ 2, 4, 6, 8, 10])
>>> np.divmod(a, 2)                          #结果分别表示商和余数
(array([0, 1, 1, 2, 2], dtype=int32),
 array([1, 0, 1, 0, 1], dtype=int32))
```

(2) 数组与数组的算术运算

当数组与数组进行算术运算时，如果两个数组的形状相同，则得到一个新数组，其中的每个元素值为两个数组中对应位置上的元素进行算术运算后的结果；当两个数组的形状不同时，如果符合广播要求，则进行广播，否则会报错。

```
>>> a = np.array([1,2,3,4])                  #形状:(4,)
>>> b = np.array([4,3,2,1])                  #形状:(4,)
>>> a + b
array([5, 5, 5, 5])
>>> c = np.array([2])                        #形状:(1,)
>>> a + c
array([3, 4, 5, 6])
```

说明：a 的形状是(4,)，有 4 个元素；c 的形状是(1,)，只有 1 个元素。通过对 c 进行广播循环补齐 4 个元素(每个元素均为 2)，c 的形状变为(4,)，和 a 的形状相同，再进行加法运算。

```
>>> a1 = np.arange(6).reshape(2, 3)                #形状:(2,3)
>>> a1
array([[0, 1, 2],
       [3, 4, 5]])
```

```
>>> b1 = np.arange(10, 16).reshape(2, 3)          #形状:(2,3)
>>> b1
array([[10, 11, 12],
       [13, 14, 15]])
>>> a1 * b1
array([[ 0, 11, 24],
       [39, 56, 75]])
>>> a2 = np.array((1, 2, 3))                      #形状: (3,)
>>> b2 = np.arange(1,10).reshape(3,3)             #形状: (3, 3)
>>> b2
array([[1, 2, 3],
       [4, 5, 6],
       [7, 8, 9]])
>>> a2 * b2
array([[ 1, 4, 9],
       [ 4, 10, 18],
       [ 7, 16, 27]])
```

说明：当进行a2×b2运算时，a2的形状是(3,)，b2的形状是(3,3)，对a2进行广播，循环补齐3行，得到：

```
[[1, 2, 3],
 [1, 2, 3],
 [1, 2, 3]]
```

a2的形状变为(3,3)，和b的形状相同，再进行乘法运算。

3. 数组的布尔运算

布尔运算是指运算结果为布尔型对象(True或False)的操作，包括关系运算和逻辑运算。布尔运算的结果可用作访问数组元素的条件。

(1) 数组和标量的布尔运算

当数组和标量进行布尔运算时，就是将数组中的每个元素与标量进行比较。

```
>>> a = np.random.rand(5)             #随机数数组【注意:每次的执行结果都会不同】
>>> a
array([0.03835037, 0.26729635, 0.84328019, 0.65750985, 0.07559076])
>>> a > 0.5
array([False, False,  True,  True, False])
>>> a[a > 0.5]                        #条件选择
array([0.84328019, 0.65750985])
```

(2) 数组和数组的布尔运算

当数组和数组进行布尔运算时，就是将两个数组对应位置上的元素进行比较。当数组形状不同时，如果符合广播要求，则进行广播，否则会报错。

```
>>> a = np.array([1, 2, 3])
>>> b = np.array([3, 2, 1])
>>> a > b
array([False, False, True])
>>> a[ a >b ]                                    #条件选择
array([3])
```

4. 数组的点积运算

进行点积运算时，如果两个数组是长度相同的一维数组，则运算结果为两个数组对应位置上的元素乘积之和，即向量内积；如果两个数组是形状分别为(m,k)和(k,n)的二维数组，则表示矩阵相乘，运算结果是形状为(m,n)的二维数组，这种情况与NumPy的matmul()函数计算结果等价。

```
>>> a = np.array([1,2,1])
>>> b = np.array([3,4,5])
>>> np.dot(a,b)                                  #向量内积:1×3+2×4+1×5
16
>>> a = np.array([[1, 0, 1], [0, 1, 1]])
>>> b = np.array([[4, 1], [2, 2], [2, 4]])
>>> a
array([[1, 0, 1],
       [0, 1, 1]])
>>> b
array([[4, 1],
       [2, 2],
       [2, 4]])
>>> np.dot(a, b)                                 #矩阵乘法,等价于 np.matmul(a, b)
array([[6, 5],
       [4, 6]])
```

5. 数组的统计运算

NumPy中常用的统计函数如表7-3所示。

表7-3 NumPy常用的统计函数

名 称	功 能	名 称	功 能
sum()	计算和	prod()	计算乘积
min()	计算最小值	percentile()	计算百分位数
max()	计算最大值	argmax()	返回最大值的索引

续表

名　　称	功　　能	名　　称	功　　能
mean ()	计算平均值	argmin()	返回最小值的索引
std()	计算标准差	cumsum()	计算累计和
var()	计算方差	cumprod()	计算累计乘积

使用方法如下。

```
>>> np.random.seed(10)                    #设置随机种子,每次都能生成相同的随机数
>>> x = np.random.randint(10,30,8)        #8个随机整数
>>> x
array([19, 14, 25, 10, 27, 26, 27, 18])
>>> np.min(x)
10
>>> np.mean(x)
20.75
>>> np.argmin(x)                          #最小值的索引为3
3
```

对于多维数组,可以选择在不同的轴向进行统计运算。

数组中的每个维度都对应一个轴。二维数组有两个维度,axis=0对应第一个维度,axis=1对应第二个维度;以此类推。

对二维数组进行统计运算时,如果不指定轴向,则默认是对整个数组进行统计;如果指定axis=0,则表示按第1个维度统计;如果指定axis=1,则表示按第2个维度统计。

```
>>> np.random.seed(10)
>>> x = np.random.rand(6) * 50            #0~50内的随机数
>>> x = np.round(x, 2)                    #保留2位小数
>>> x
array([38.57,  1.04, 31.68, 37.44, 24.93, 11.24])
>>> x = x.reshape(2, 3)
>>> x
array([[38.57,  1.04, 31.68],
       [37.44, 24.93, 11.24]])
>>> np.mean(x)                            #统计数组的平均值
24.150000000000002
>>> np.mean(x, axis = 0)                  #统计各列的平均值
array([38.005, 12.985, 21.46 ])
>>> np.mean(x, axis = 1)                  #统计各行的平均值
array([23.76333333, 24.53666667])
```

7.3 数组的操作

对数组中的元素可以进行排序、合并等操作。

7.3.1 数组的排序

使用NumPy对象的sort()方法或NumPy中的sort()函数可以对数组进行排序，前者是原地排序，会改变原数组中元素的位置；后者会返回新的排序结果，不会影响原数组中元素的位置。如果要返回排序后的元素在原数组中的索引，则可以使用argsort()方法或argsort()函数。

```
>>> np.random.seed(10)
>>> x = np.round(np.random.rand(6) * 50, 2)
>>> x
array([38.57,  1.04, 31.68, 37.44, 24.93, 11.24])
>>> y = x.copy()
>>> y.sort()
>>> y
array([ 1.04, 11.24, 24.93, 31.68, 37.44, 38.57])
>>> idx = np.argsort(x)                          #返回索引
>>> idx
array([1, 5, 4, 2, 3, 0], dtype=int64)
>>> x[idx]                                       #索引对应的数组元素
array([ 1.04, 11.24, 24.93, 31.68, 37.44, 38.57])
```

说明：argsort()函数返回的是排序后的元素在原数组中的索引，即[1,5,4,2,3,0]，这些索引对应的数组元素为1.04、11.24、24.93、31.68、37.44、38.57。

二维数组排序时需要指定按哪个轴进行排序，默认axis=1，表示按第2个维度排序；如果axis=0，则表示按第1个维度排序。

```
>>> x = np.array([[0, 4, 3], [2, 2, 1]])
>>> x
array([[0, 4, 3],
       [2, 2, 1]])
>>> np.sort(x)                                   #默认 axis=1
array([[0, 3, 4],
       [1, 2, 2]])
>>> np.sort(x, axis=0)
array([[0, 2, 1],
       [2, 4, 3]])
```

7.3.2　数组的合并

两个数组可以沿不同的轴向进行合并，NumPy 提供了 vstack()、hstack()、concatenate()等合并函数。

```
>>> a1 = np.array([[0,1,0]])                      #形状：(1,3)
>>> a2 = np.arange(1,7).reshape(2,3)
>>> a2
array([[1, 2, 3],
       [4, 5, 6]])
>>> a3 = np.array([[8,8],[9,9]])
>>> a3
array([[8, 8],
       [9, 9]])
>>> np.vstack((a1,a2))                            #垂直方向堆叠(列数要相同)
array([[0, 1, 0],
       [1, 2, 3],
       [4, 5, 6]])
>>> np.hstack((a2,a3))                            #水平方向堆叠(行数要相同)
array([[1, 2, 3, 8, 8],
       [4, 5, 6, 9, 9]])
>>> np.concatenate((a1,a2), axis=0)               #纵向合并,结果同 vstack
array([[0, 1, 0],
       [1, 2, 3],
       [4, 5, 6]])
>>> np.concatenate((a2,a3), axis=1)               #横向合并,结果同 hstack
array([[1, 2, 3, 8, 8],
       [4, 5, 6, 9, 9]])
```

7.4　基于 NumPy 的数据分析

某投资者有一个投资组合，初始投资金额为 100 万元，组合中配置了 4 只股票，配置比例分别为 15%、20%、25%、40%。4 只股票在 5 个交易日的涨跌幅情况如图 7-2 所示。

股票简称	2021年2月1日	2021年2月2日	2021年2月3日	2021年2月4日	2021年2月5日
A	1.11%	0.25%	−0.66%	-0.94%	−0.27%
B	−1.15%	0.55%	−0.19%	0.17%	−0.4 %
C	−0.29%	−1.16%	−0.16%	0.26%	−1.01%
D	0.06%	−0.52%	0.6%	-0.4 %	1.01%

图 7-2　股票涨跌幅情况

通过应用 NumPy 数组可以从不同方面分析 5 个交易日投资组合的涨跌幅情况。

(1) 使用随机数建立数组，生成股票的涨跌幅数据

```
>>> np.random.seed(25)
>>> stocks = np.random.rand(4, 5) * 3 - 1.5       #范围[-1.5, 1.5)
>>> stocks = np.round(stocks, 2)
>>> stocks = stocks / 100
>>> stocks
array([[ 0.0111,   0.0025,  -0.0066,  -0.0094,  -0.0027],
       [-0.0115,   0.0055,  -0.0019,   0.0017,  -0.004 ],
       [-0.0029,  -0.0116,  -0.0016,   0.0026,  -0.0101],
       [ 0.0006,  -0.0052,   0.006 ,  -0.004 ,   0.0101]])
```

(2) 建立数组，记录股票的配置比例

```
>>> weight_list = [0.15, 0.20, 0.25, 0.40]
>>> weight = np.array(weight_list)
```

(3) 分析股票的涨跌幅情况

① 查询股票 B 于 2021 年 2 月 3 日的涨跌幅值。

```
>>> stocks[1,2]
-0.0019
```

② 查询跌幅小于−0.01 的股票跌幅值及对应的股票。

```
>>> stocks[stocks < -0.01]
array([-0.0115, -0.0116, -0.0101])
>>> np.where(stocks < -0.01)
(array([1, 2, 2], dtype=int64), array([0, 1, 4], dtype=int64))
```

说明：where()函数返回的是一个索引结果，表示数据在数组中的位置。两个列表中的索引分别表示行坐标和列坐标，配对组合可以得到(1,0)、(2,1)、(2,4)，表示满足条件的有 3 个数据，第一个数据是股票 B 在 2 月 1 日的跌幅值(−0.0115)，第 2 个数据是股票 C 在 2 月 2 日的跌幅值(−0.0116)，第 3 个数据是股票 C 在 2 月 5 日的跌幅值(−0.0101)。

上述分析结果可以使用以下代码自动获取。

```
>>> idx = np.where(stocks < -0.01)
>>> rows = idx[0]
>>> cols = idx[1]
>>> for rc in zip(rows, cols):
```

```
        data = stocks[rc]
        print("rc = {0}, data = {1}".format(rc,data))

rc = (1, 0), data = -0.0115
rc = (2, 1), data = -0.0116
rc = (2, 4), data = -0.0101
```

③ 查询股票 C 和股票 D 在 2021 年 2 月 2 至 4 日的涨跌幅率。

```
>>> stocks [2:, 1:4]
array([[-0.0116, -0.0016,  0.0026],
       [-0.0052,  0.006 , -0.004 ]])
```

④ 按每个交易日的涨跌幅进行排序。

```
>>> np.sort(stocks, axis = 0)
array([[-0.0115, -0.0116, -0.0066, -0.0094, -0.0101],
       [-0.0029, -0.0052, -0.0019, -0.004 , -0.004 ],
       [ 0.0006,  0.0025, -0.0016,  0.0017, -0.0027],
       [ 0.0111,  0.0055,  0.006 ,  0.0026,  0.0101]])
```

⑤ 按每只股票的涨跌幅进行排序。

```
>>> np.sort(stocks, axis = 1)
array([[-0.0094, -0.0066, -0.0027,  0.0025,  0.0111],
       [-0.0115, -0.004 , -0.0019,  0.0017,  0.0055],
       [-0.0116, -0.0101, -0.0029, -0.0016,  0.0026],
       [-0.0052, -0.004 ,  0.0006,  0.006 ,  0.0101]])
```

⑥ 按照每只股票在投资组合中的配置比例计算每个交易日投资组合的加权收益率。

```
>>> r1 = np.matmul(weight, stocks)
>>> r1
array([-0.00112 , -0.003505,  0.00063 , -0.00202 ,  0.00031 ])
```

⑦ 计算每个交易日的实际收益和 5 个交易日的总收益。

```
>>> r2 = r1 * 1000000
>>> r2
array([-1120., -3505.,   630., -2020.,   310.])
>>> r3  =  np.sum(r2)
>>> r3
-5705.0
```

⑧ 查询 5 个交易日中的最小涨幅率及相应的股票。

```
>>> np.min(stocks)
-0.0116
>>> r4 = np.argmin(stocks)
>>> r4
11
>>> divmod(r4, stocks[0].size)
(2, 1)
```

说明：对于多维数据，执行 argmin()操作时如果没有指定返回哪个轴的索引，则默认返回将数组展开后的索引。本例的返回值为 11，表示在整个数据序列中的索引为 11。对索引值执行 divmod()操作可以得到该索引的二维坐标为(2,1)，即第 2 行第 1 列，也就是股票 C 在 2 月 2 日的涨幅值。

7.5 本章小结

本章介绍了 NumPy 中一维数组和二维数组的创建与使用，主要内容如下。

(1) NumPy 是 Python 的扩展库，它提供了多种创建数组的方法，既可以将 Python 序列对象或可迭代对象转换为 NumPy 数组，也可以直接创建不同类型和维度的数组。

(2) 数组既支持使用索引、切片和列表作为下标访问数组元素，也支持布尔型索引访问。

(3) 可以添加、修改或删除数组元素，也可以改变数组的形状。

(4) 数组支持算术运算、布尔运算、点积运算和统计运算。进行统计运算时，既可以按整个数组进行计算，也可以按不同的轴向进行计算。

(5) 数组可以按不同的轴向排序，也可以将两个数组合并到一起。

(6) 以股票数据为例，利用 NumPy 数组实现基本的数据分析功能。

7.6 习　　题

1. 假设有一张成绩表记录了 10 名学生的语文、数学、英语、生物、历史这 5 门课的成绩，成绩范围均为 50～100 分。10 名学生的学号分别为 100、101、102、103、104、105、106、107、108、109。

要求：利用 NumPy 数组完成以下操作。

(1) 使用随机数模拟学生成绩，并存储在数组中。

(2) 查询学号为 105 的学生的英语成绩。

(3) 查询学号为 100、102、105、109 的 4 位学生的语文、数学和英语成绩。

(4) 查询大于或等于 90 分的成绩和相应学生的学号。

(5) 按各门课程的成绩排序。

(6) 按每名学生的成绩排序。

(7) 计算每门课程的平均分、最高分和最低分。

(8) 计算每名学生的最高分和最低分。

(9) 查询最低分及相应的学生学号和课程。

(10) 查询最高分及相应的学生学号和课程。

(11) 语文、数学、英语、生物、历史这5门课程在总分中的占比分别为25%、25%、20%、15%、15%。如果总分为100分,则计算每名学生的总成绩。

(12) 查询最高的3个总分。

2. 自行选择合适的数据,使用NumPy数组实现数据的查询和运算。

第 8 章

Chapter 8

Pandas 数据处理与分析

Pandas 是 Python 中专门用于数据分析的扩展库，它提供了强大的结构化数据分析功能。Pandas 基于 NumPy 构建，它是进行数据分析和数据挖掘的有效工具。本章介绍 Pandas 中常用的数据预处理与数据分析的基本方法，并通过实例加以应用。

8.1 Pandas 基本数据结构

Pandas 中有两个主要的数据结构：Series（系列）和 DataFrame（数据框），分别用于处理带标签的一维数组和带标签的二维数组。

使用 Pandas 库前必须先执行下列导入操作。

```
import pandas as pd                                          #导入 pandas 模块
```

后文中的 pd 均指 pandas 模块，不再赘述。

8.1.1 系列

系列对象由索引（index）和值（values）两部分组成，索引就是值的标签。默认情况下，系统会自动分配一个正整数作为每个值的索引（从 0 开始，表示数据的位置编号）；也可以为索引定义一个标识符（称为索引名或标签），这种形式类似字典的“键-值”对结构，每个索引作为键。如图 8-1 所示，左图中的索引为数字形式，右图中的索引为文本标签形式。

index	values
0	90
1	75
2	80

index	values
chinese	90
english	75
math	80

图 8-1　系列对象的结构

利用 Python 中的列表、元组、字典、range 对象和一维数组等都可以创建一个系列对象。

【语法】

```
Series(data, index, dtype)
```

说明：

- data：系列中的数据。
- index：自定义的索引标识符，标识符的个数必须与数据个数相同。
- dtype：指定数据类型。

创建系列对象后，可以使用索引、切片或列表作为下标访问系列中的元素。

```
>>> s1 = pd.Series(range(1,20,5))
>>> s1
0    1
1    6
2   11
3   16
dtype: int64
#创建 Series 对象,并指定索引名
>>> s2 = pd.Series([90,75,80], index=['chinese','math','english'])
>>> s2
chinese  90
math     75
english  80
dtype: int64
>>> adict = {'chinese':90, 'math':75, 'english':80}
>>> pd.Series(adict)                                  #字典的键作为索引
chinese  90
english  80
math     75
dtype: int64
>>> s2.index                                          #索引
Index(['chinese', 'math', 'english'], dtype='object')
>>> s2.values                                         #值:一维数组
array([90, 75, 80], dtype=int64)
>>> s2[1]                                             #访问 Series 对象
75
>>> s2[1:3]
math     75
english  80
dtype: int64
>>> s2['math']
75
>>> s2[['chinese','math']]
chinese  90
math     75
dtype: int64
>>> s2[s2>=80]
chinese  90
english  80
dtype: int64
```

利用 Python 的内置函数、运算符以及 Series 对象方法可以操作 Series 对象。

```
>>> s2 = pd.Series([90,75,80], index=['chinese','math','english'])
>>> s2['math'] = 78                                   #修改元素
>>> s2['python'] = 82                                 #指定的索引不存在,表示添加元素
>>> s2
chinese    90
math       78
english    80
python     82
dtype: int64
>>> s2.max()
90
>>> round(s2.mean(), 1)                               #均值,保留 1 位小数
82.5
>>> s2 = s2 + 5                                       #算术运算
>>> s2
chinese    95
math       83
english    85
python     87
dtype: int64
```

Series 对象或 DataFrame 对象的索引可以是一个时间序列。使用 Pandas 库中的 date_range()函数可以创建时间序列对象(DatetimeIndex)。

【语法】

```
date_range(start, end, periods, freq)
```

功能：根据指定的起止时间创建时间序列对象。

说明：

- start,end：时间序列的起始时间和终止时间。
- periods：时间序列中包含的数据数量。
- freq：时间间隔,默认为'D'(天),还可以是'W'(周)、'H'(小时)等。
- start、end、periods 这三个参数只需要指定其中的两个。

```
#间隔 1 天
>>> pd.date_range(start='20210201', end='20210205', freq='D')
DatetimeIndex(['2021-02-01', '2021-02-02', '2021-02-03',
               '2021-02-04', '2021-02-05'],
               dtype='datetime64[ns]', freq='D')
#间隔 6 小时
>>> pd.date_range(start='20201231', end='20210101', freq='6H')
```

```
DatetimeIndex(['2020-12-31 00:00:00', '2020-12-31 06:00:00',
               '2020-12-31 12:00:00', '2020-12-31 18:00:00',
               '2021-01-01 00:00:00'],
               dtype='datetime64[ns]', freq='6H')
#间隔 1 个月,6 个数据
>>> date = pd.date_range(start='20200701', freq='M', periods=6)
>>> date
DatetimeIndex(['2020-07-31', '2020-08-31', '2020-09-30',
               '2020-10-31', '2020-11-30', '2020-12-31'],
               dtype='datetime64[ns]', freq='M')
>>> sales = [158, 200, 125, 176, 180, 210]
>>> pd.Series(sales, index = date)       #时间序列作为 Series 对象的索引
2020-07-31    158
2020-08-31    200
2020-09-30    125
2020-10-31    176
2020-11-30    180
2020-12-31    210
Freq: M, dtype: int64
```

8.1.2 数据框

数据框对象是一个二维表格结构,包含 index(行索引)、columns(列索引)和 values(值)三部分。数据框是 Pandas 中最重要的数据结构,数据分析任务主要是基于数据框完成的。

数据框中的一行称为一条记录(或样本),一列称为一个字段(或属性)。

- 数据框中的每一列都是一个 Series 类型,用来存储相同数据类型和语义的数据。
- 数据框中每行的前面和每列的上面都有一个索引,用来标识一行或一列,前者称为 index,后者称为 columns,如图 8-2 所示。默认使用正整数作为索引(从 0 开始),也可以自定义标识符,作为行标签和列标签。列标签通常被称为“字段名”或“列名”。

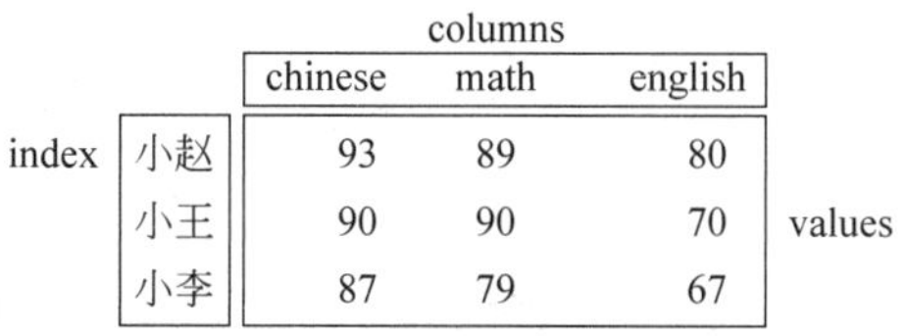

columns

index	chinese	math	english
小赵	93	89	80
小王	90	90	70
小李	87	79	67

values

图 8-2　数据框对象的结构

1. 创建数据框

利用 Python 字典、嵌套列表和二维数组等对象可以创建一个数据框对象,也可以通过

导入文件的方法创建(详见 8.3.1 节)。本节主要介绍使用代码创建数据框对象的方法。

【语法】

```
DataFrame(data, index, columns, dtype)
```

```
>>> a = np.arange(10,22).reshape(3,4)
>>> a
array([[10, 11, 12, 13],
       [14, 15, 16, 17],
       [18, 19, 20, 21]])
>>> pd.DataFrame(a)
    0   1   2   3
0  10  11  12  13
1  14  15  16  17
2  18  19  20  21
>>> pd.DataFrame(a, columns=['A','B','C','D'])      #设置列标签
    A   B   C   D
0  10  11  12  13
1  14  15  16  17
2  18  19  20  21
>>> adict = {'zhao':[93,89,80,92],'wang':[90,80,70,75]}
>>> df_sc = pd.DataFrame(adict)                      #字典的"键"作为列标签
>>> df_sc
   zhao  wang
0    93    90
1    89    80
2    80    70
3    92    75
>>> courses = ['chinese','math','english','python']
>>> df_sc.index = courses                            #设置行索引
>>> df_sc
         zhao  wang
chinese    93    90
math       89    80
english    80    70
python     92    75
```

2. 查看数据框的基本信息

通过数据框对象的属性可以查看数据框的行标签、列标签、值项、数据类型、行数和列数以及数据框的形状等信息。

```
#使用前面已经建立的 df_sc 数据框
>>> df = df_sc.copy()                                #复制
```

```
>>> df
        zhao  wang
chinese    93    90
math       89    80
english    80    70
python     92    75
>>> df.shape                                            #形状
(4, 2)
>>> df.index                                            #行索引
Index(['chinese', 'math', 'english', 'python'], dtype='object')
>>> df.index.size                                       #行数(记录数)
4
>>> len(df)                                             #记录数
4
>>> df.columns                                          #列索引
Index(['zhao', 'wang'], dtype='object')
>>> df.columns.size                                     #列数
2
>>> df.values                                           #值:二维数组
array([[93, 90],
       [89, 80],
       [80, 70],
       [92, 75]], dtype=int64)
>>> type(df.values)
<class 'numpy.ndarray'>
```

8.1.3 访问数据框

数据框是一个二维表格结构,与二维数组类似,可以通过下标或布尔型索引访问。

1. 下标访问

【格式 1】

```
数据框对象名.loc[行下标, 列下标]
数据框对象名.iloc[行下标, 列下标]
```

说明:

- 可以使用位置索引、标签、切片或列表作为下标。
- iloc 表示完全基于位置索引(整数)的选择方式。
- loc 表示完全基于标签名的选择方式。
- 如果选择所有行,则行下标可表示为“:”。
- 如果选择所有列,则列下标可表示为“:”,也可以省略列下标。

【格式 2】

```
数据框对象名.at[行下标, 列下标]
数据框对象名.iat[行下标, 列下标]
```

说明：这种方式用于选择数据框中指定位置的一个值，只能用位置索引或标签作为下标。

【格式 3】

```
数据框对象名[下标]
```

说明：这种格式主要用于选择整行或整列数据。若下标为切片，则表示选择若干行；若下标为列标签或列标签列表，则表示选项若干列。

```
#使用 8.1.2 节建立的 df_sc 数据框
>>> df = df_sc.copy()
>>> df
         zhao  wang
chinese    93    90
math       89    80
english    80    70
python     92    75
>>> df.iloc[0, 1]
90
>>> df.iloc[0:2, :]                              #等价的表达:df.iloc[0:2]
         zhao  wang
chinese    93    90
math       89    80
>>> df.loc[ : , 'zhao']
chinese    93
math       89
english    80
python     92
Name: zhao, dtype: int64
>>> df.loc[['math','python'], 'zhao']
math      89
python    92
Name: zhao, dtype: int64
>>> df.at['chinese','wang']                      #等价的表达:df.iat[0, 1]
90
>>> df[0:2]                                      #选择行
         zhao  wang
chinese    93    90
math       89    80
>>> df['zhao']                                   #选择列。等价的表达:df.zhao
```

```
chinese    93
math       89
english    80
python     92
Name: zhao, dtype: int64
>>> df[['wang','zhao']]
        wang  zhao
chinese   90    93
math      80    89
english   70    80
python    75    92
```

2. 布尔型索引访问

【格式 1】

```
数据框对象名.loc[布尔型索引, 列下标]
```

【格式 2】

```
数据框对象名[布尔型索引]
```

布尔型索引是指通过一组布尔值(True 或 False)对数据框进行取值操作,以选出满足条件的元素。通常是利用条件运算得到一组布尔值,条件表达式中可以使用关系运算符、逻辑运算符以及 Pandas 提供的条件判断方法,如表 8-1 所示。

表 8-1 Pandas 中常用的条件判断

条件	运算符或数据框对象的方法	说明
比较	>、<、==、>=、<=、!=	比较运算(大于、小于、等于、大于或等于、小于或等于、不等于)
确定范围	between(n, m)	在 n~m 内,包含 n 和 m
确定集合	isin(L)	属于列表 L 中的元素
空值	isnull()	空值(NaN)
多重条件	&	与运算,当两个条件同时成立时,结果为 True
	|	或运算,当有一个条件成立时,结果为 True
	~	非运算,对条件取反

布尔型索引的使用方法如下。

```
#使用 8.1.2 节建立的 df_sc 数据框
>>> df = df_sc.copy()
>>> df
  zhao  wang
```

```
chinese     93     90
math        89     80
english     80     70
python      92     75
>>> df[df.wang >= 80]                          #wang 这列的值为大于或等于 80 的记录
         zhao  wang
chinese     93     90
math        89     80
>>> df[df['zhao'].between(85, 95)]             #zhao 这列的值在[85,95]范围的记录
         zhao  wang
chinese     93     90
math        89     80
python      92     75
```

8.1.4 修改数据框

通过赋值语句可以直接修改数据框中的数据或者添加新的数据列。

若要删除行或列,则可以使用数据框对象的 drop()方法。

【语法】

```
drop(index, columns, inplace)
```

说明: drop()方法的参数有很多,下面介绍常用的 3 个。

- index: 被删除行的行索引。
- columns: 被删除列的列索引。
- inplace: 布尔型参数,默认 inplace=False,表示返回一个新的数据框对象,当前数据框对象不受影响;inplace=True 表示从当前数据框对象中直接删除(即原地删除,返回空对象 None)。

```
#使用 8.1.2 节中建立的 df_sc 数据框
>>> df = df_sc
>>> df['li'] = [87, 79, 67, 75]                #增加列
>>> df
         zhao  wang  li
chinese     93     90  87
math        89     80  79
english     80     70  67
python      92     75  75
>>> df = df.T                                  #数据框的转置
>>> df
```

```
      chinese  math  english  python
zhao       93    89       80      92
wang       90    80       70      75
li         87    79       67      75
>>> df.loc['li','python'] = 88                     #修改一个数据
>>> df
      chinese  math  english  python
zhao       93    89       80      92
wang       90    80       70      75
li         87    79       67      88
>>> df['english'] = [82, 72, 69]                   #修改一列数据
>>> df
      chinese  math  english  python
zhao       93    89       82      92
wang       90    80       72      75
li         87    79       69      88
>>> df.drop(columns='english', inplace=True)       #删除列(原地操作)
>>> df
      chinese  math  python
zhao       93    89      92
wang       90    80      75
li         87    79      88
>>> df.drop(index='wang')                          #删除行,返回新的数据框对象
      chinese  math  python
zhao       93    89      92
li         87    79      88
```

最后的删除行操作可以返回新的数据框对象,原数据框对象 df 中的内容不变。

8.1.5　数据框的排序

数据框对象既可以按行索引或列索引排序,也可以按数值排序。

1. 按索引排序

使用数据框对象的 sort_index()方法按行索引或列索引排序。

【语法】

```
sort_index(axis, ascending, inplace)
```

说明:

- axis: 排序的轴向,默认 axis=0,表示按 index(行索引)排序;axis=1 表示按 columns(列索引)排序。
- ascending: 排序方式,默认 ascending=True,表示按升序排序;ascending=False 表示按降序排序。

• inplace：是否为原地排序，默认 inplace=False，表示返回一个新的 DataFrame 对象。

2. 按数值排序

使用数据框对象的 sort_values()方法按数据框中的数值排序。

【语法】

```
sort_values(by, axis, ascending, inplace, na_position)
```

说明：

• by：排序依据，既可以是一项数据，也可以是一个列表(表示多级排序)。
• axis：排序的轴向，默认 axis=0，表示纵向排序；axis=1 表示横向排序。
• ascending：排序方式，默认 ascending=True；多级排序时，ascending 可以设置为包含若干 True/False 的列表(必须与 by 指定的排序项的列表长度相等)，表示为不同的列指定不同的排序顺序。
• na_position：空值排列的位置，默认 na_position='last'，表示空值排在最后面；na_position ='first'表示空值排在最前面。

```
>>> sc = [[93, 89, 80],[90, 80, 70], [87, 79, 68], [70, 83, 92]]
>>> students = ['li', 'zhao', 'sun', 'wang']
>>> courses = ['chinese','math','english']
>>> df = pd.DataFrame(sc, index = students, columns = courses)
>>> df
      chinese  math  english
li         93    89       80
zhao       90    80       70
sun        87    79       68
wang       70    83       92
>>> df.sort_index(axis=0, ascending=False)          #按行标签降序排序
      chinese  math  english
zhao       90    80       70
wang       70    83       92
sun        87    79       68
li         93    89       80
>>> df.sort_index(axis=1, ascending=True)           #按列标签升序排序
      chinese  english  math
li         93       80    89
zhao       90       70    80
sun        87       68    79
wang       70       92    83
>>> df.sort_values(by='chinese', axis=0)            #按 chinese 列排序
      chinese  math  english
wang       70    83       92
sun        87    79       68
zhao       90    80       70
li         93    89       80
```

```
>>> df.sort_values(by='zhao', axis=1)                    #按 zhao 所在行排序
      english  math  chinese
li         80    89       93
zhao       70    80       90
sun        68    79       87
wang       92    83       70
```

8.2　数据分析概述

数据分析是指为了提取有用信息和形成结论，有针对性地收集、加工、整理数据，并采用统计方法或数据挖掘技术分析和解释数据的过程，目的是把隐藏在大量看似杂乱无章的数据背后的信息集中和提炼出来，总结出研究对象的内在规律，帮助管理者进行判断和决策，以便采取适当的策略与行动。

一个完整的数据分析过程通常包括以下几个步骤。

① 问题定义。以解决业务问题为中心，明确分析目的和思路，搭建分析框架。

② 数据准备。按照确定的分析框架收集相关数据，可以从数据库、不同格式的数据文件以及网络中采集数据。

③ 数据预处理。包括数据清洗、数据转换、数据抽取、数据计算等处理方法，目的是提高数据质量，满足数据分析的要求，提升数据分析的效果。如果数据本身存在异常或者不符合数据分析的要求，那么即使采用最先进的数据分析方法，所得到的结果也是错误的，不但不具备任何参考价值，甚至还会误导决策。

④ 数据分析。采用适当的分析方法及工具对预处理过的数据进行分析，提取对解决问题有价值、有意义的信息，形成有效结论。

⑤ 数据展示。通常通过图表直观地表达数据之间的关系，有效地展示数据分析的结果。

⑥ 撰写分析报告。数据分析报告是对分析过程和结果的总结和呈现，可以供决策者参考。

以下各节均以“订单”数据集作为分析对象，介绍从 Excel 等数据源中读取数据、预处理数据和分析数据的基本方法。

8.3　数据的导入与导出

利用 Pandas 进行数据分析，首先需要将外部数据源导入 Pandas 数据框。数据处理和数据分析的中间结果或最终结果也需要保存到文件中。

8.3.1　数据的导入

数据通常可以存储在 Excel、csv、txt、json、html、pickle 等格式的文件中，或者存储在

数据库中。Pandas 提供了导入不同文件的方法，本节主要介绍其中的几种方法。

1. 导入数据集

(1) 使用 read_excel()函数导入 Excel 数据文件

【语法】

```
read_excel(io, sheet_name, header, names, index_col, usecols)
```

功能：读入 Excel 文件中的数据并返回一个数据框对象。

说明：

- io：要读取的 Excel 文件，可以是字符串形式的文件路径。
- sheet_name：要读取的工作表，可以用序号或工作表名称表示。默认 sheet_name=0，表示读取第一张工作表。
- header：工作表的哪一行作为数据框对象的列名，默认 header=0，表示工作表的第一行(表头行)作为列名；如果工作表没有表头行，则必须显式指定 header=None。
- names：数据框对象的列名，如果工作表没有表头行，则可以使用 names 设置列名；如果工作表有表头行，则可以使用 names 替换原来的列名。
- index_col：使用工作表的哪一列或哪几列(列序号表示)作为数据框的行索引(工作表的列序号从 0 开始)。
- usecols：读取 Excel 工作表的哪几列，默认读取工作表中的所有列。

read_excel()函数中的其他参数选项及其作用可查阅相关帮助文档。

(2) 使用 read_csv()函数导入 csv 格式的数据文件

在 csv 格式的文件中，每一行的数据项之间都以逗号分隔。

【语法】

```
read_csv(filepath_or_buffer, sep, header, names,index_col, usecols)
```

功能：读入 csv 格式的文件中的数据并返回一个数据框对象。

说明：

- filepath_or_buffer：要读取的数据文件。
- sep：数据项之间的分隔符，默认是逗号(,)。

其他参数的含义与 read_excel()函数的相同。read_csv()函数中的其他参数选项及其作用可查阅相关帮助文档。

(3) 使用 read_table()函数导入通用分隔符格式的数据文件

通用分隔符格式的文件是指每一行的数据项之间可以使用逗号、空格、Tab 键等通用分隔符分隔，如 txt 格式的文件。

【语法】

```
read_table(filepath_or_buffer, sep, header, names, index_col, usecols)
```

功能：读入通用分隔符格式的文件中的数据并返回一个数据框对象。

说明：

- filepath_or_buffer：要读取的数据文件。
- sep：数据项之间的分隔符，默认是Tab键。

其他参数的含义与read_csv()函数的相同。read_table()函数中的其他参数选项及其作用可查阅相关帮助文档。

【例8-1】 导入"订单"文件和"商品"文件中的数据，生成相应的数据框对象。

```
#设置对齐显示
>>> pd.set_option('display.unicode.ambiguous_as_wide', True)
>>> pd.set_option('display.unicode.east_asian_width', True)
#导入所有列
>>> df = pd.read_excel(r'd:\mypython\订单.xlsx')
>>> df.head()              #查看数据框的前5行记录
   订单编号    订单日期   用户ID  商品名称    单价  数量     金额
0    302001  2021-02-01   137401      围巾   21.60  12.0   259.20
1    302002  2021-02-01   177562    运动服  210.00   7.0  1470.00
2    302003  2021-02-01   133422      T恤   55.93  24.0  1342.32
3    302004  2021-02-01   138462    运动服  178.50  24.0  4284.00
4    302005  2021-02-01   158949      T恤   65.80  14.0   921.20
#指定第一列(订单编号)作为数据框的行索引
>>> df2 = pd.read_excel(r'd:\mypython\订单.xlsx', index_col=0)
>>> df2.head()
            订单日期   用户ID  商品名称    单价  数量     金额
订单编号
302001    2021-02-01   137401      围巾   21.60  12.0   259.20
302002    2021-02-01   177562    运动服  210.00   7.0  1470.00
302003    2021-02-01   133422      T恤   55.93  24.0  1342.32
302004    2021-02-01   138462    运动服  178.50  24.0  4284.00
302005    2021-02-01   158949      T恤   65.80  14.0   921.20
#导入csv文件,并指定字符编码
>>> goods = pd.read_csv(r'd:\mypython\商品.csv', encoding='gbk')
>>> goods
   商品名称  进价  产地  库存  销售价
0      围巾    15  江苏    50    21.6
1    运动服   130  北京    20   210.0
2      T恤    38  上海   125    65.8
3      卫衣    90  广东    62   126.5
4    休闲鞋   110  广东   210   162.0
5    运动鞋   152  福建    48   237.0
6    太阳帽    11  浙江    10    22.0
```

(4) 使用 read_sql()函数导入数据库表

将数据库中的数据导入数据框需要先建立与数据库的连接。Pandas 提供了 sqlalchemy 方式与 MySQL、PostgreSQL、Oracle、MS SQL Server、SQLite 等主流数据库建立连接。建立连接后,即可使用 read_sql()函数导入数据库中的数据。

【语法】

```
read_sql(sql,con, index_col)
```

功能:读入 SQL 查询结果集或数据库表中的数据并返回一个数据框对象。

说明:

- sql:SQL 查询语句或数据库表名。
- con:SQLAlchemy 连接对象。
- index_col:使用数据库表的哪一列或哪几列作为数据框的行索引。

read_sql()函数中的其他参数选项及其作用可查阅相关帮助文档。

例如,导入 MySQL 数据库中的“商品”表。

```
>>> from sqlalchemy import create_engine
>>> conn=create_engine('mysql+pymysql://root:123@localhost:3306/shop')
>>> goods = pd.read_sql('商品', conn)                #导入'商品'表
```

2. 考查数据集

导入数据集后,可以使用数据框对象的相关属性和方法了解数据集的基本信息、考查数据分布情况等,常用操作如表 8-2 所示。

表 8-2 考查数据集的常用操作

方法	功　能
shape	查看数据框的形状
head(n)	查看数据框的前 n 条记录。默认 n=5
tail(n)	查看数据框的最后 n 条记录。默认 n=5
info()	查看数据集的基本信息,包括记录数、字段数、字段名(列名)、字段数据类型、非空值数据的数量和内存使用情况等
describe()	查看数据集的分布情况。数值型字段的信息包括记录数量、均值、标准差、最小值、最大值和四分位数等。文本型字段的信息包括记录数量、不重复值的数量、出现次数最多的值和最多值的频数等

Pandas 中的数据类型包括数字(整型、浮点型)、字符串(文本,或文本和数字的混合)、布尔型(True 或 False)、日期时间型、时间差(两个日期时间的差值)、分类(有限的文本值列表)等,如表 8-3 所示。不同类型的字段可以存储不同的数据及执行不同的操作。

表 8-3　Pandas 数据类型及其比较

Pandas 数据类型	Python 数据类型	NumPy 数据类型	含　　义
object	str or mixed	string_ , unicode_ , mixed types	字符串
int64	int	int_ , int8, int16, int32, int64, uint8, uint16, unint32, uint64	整型
float64	float	float_ , float16, float32, float64	浮点型
bool	bool	bool_	布尔型
datetime64	NA	datetime64[ns]	日期时间型
timedelta[ns]	NA	NA	时间差
category	NA	NA	分类

【例 8-2】 查看“订单”数据框的基本信息。

```
>>> df = pd.read_excel(r'd:\mypython\订单.xlsx')
>>> df.shape
(310, 7)
>>> df.head(3)                                    #前 3 条记录
   订单编号      订单日期    用户 ID   商品名称     单价    数量      金额
0    302001   2021-02-01   137401       围巾    21.60   12.0    259.20
1    302002   2021-02-01   177562     运动服   210.00    7.0   1470.00
2    302003   2021-02-01   133422      T 恤    55.93   24.0   1342.32
>>> df.info()
<class 'pandas.core.frame.DataFrame'>
RangeIndex: 310 entries, 0 to 309
Data columns (total 7 columns):
#     Column    Non-Null    Count     Dtype
---   ------    -------    --------   -----
0     订单编号      310     non-null   int64
1     订单日期      310     non-null   datetime64[ns]
2     用户 ID       310     non-null   int64
3     商品名称      305     non-null   object
4     单价          305     non-null   float64
5     数量          305     non-null   float64
6     金额          310     non-null   float64
dtypes: datetime64[ns](1), float64(3), int64(2), object(1)
memory usage: 17.1+ KB
>>> df.describe()                                  #所有数值型字段的描述信息
               订单编号           用户 ID          单价          数量           金额
count      310.000000      310.000000   305.000000   305.000000    310.000000
mean    302155.500000   149590.948387    96.380262    15.022951   1349.589129
std         89.633513    30331.605761    61.889811     8.733413   1190.173266
```

```
min   302001.000000  100939.000000   18.360000   1.000000     0.000000
25%   302078.250000  120529.750000   55.930000   7.000000   412.800000
50%   302155.500000  149841.000000   65.800000  15.000000  1051.400000
75%   302232.750000  179130.250000  137.700000  22.000000  1932.375000
max   302310.000000  199357.000000  210.000000  30.000000  5355.000000
>>> df['商品名称'].describe()                        #"商品名称"字段的描述信息
count      305
unique       5
top        T恤
freq        95
Name: 商品名称, dtype: object
```

从上述结果中可以了解到：

- 数据集中共有 310 条记录，每条记录有 7 列(7 个字段)；datetime 型字段和 object 型字段各有 1 个，int 型字段有 2 个，float 型字段有 3 个；商品名称、单价、数量字段各有 5 个空值(null)。
- 数据集中单价、数量和金额数据的分布情况。例如金额的最小值为 0，最大值为 5355.0，平均值为 1349.589129。
- "商品名称"列中有 5 个不同的取值(即有 5 种不同的商品)，出现次数最多的商品是"T 恤"，共出现了 95 次。

8.3.2 数据的导出

在数据处理和分析过程中，常常需要保存处理的中间结果或最终结果，可以将 Pandas 数据框对象导出为 Excel、csv、txt、json、数据库等多种格式的文件。本节主要介绍将数据导出为 Excel 文件和 csv 文件的方法，它们都是使用数据框对象的方法实现的。

(1) 使用 to_excel()方法导出 Excel 文件

【语法】

```
to_excel(excel_writer, sheet_name, columns, header, index)
```

功能：将数据框中的数据写入 Excel 文件的工作表。

说明：

- excel_writer：要写入的 Excel 文件。
- sheet_name：要写入的工作表，默认是"Sheet1"工作表。
- columns：Excel 工作表的列名，默认是数据框对象的列名。
- header：指定 Excel 工作表是否需要表头，默认 header=True。
- index：指定是否将数据框对象的行索引写入 Excel 工作表，默认 index=True。

to_excel()方法中的其他参数选项及其作用可查阅相关帮助文档。

(2) 使用 to_csv()方法导出 csv 格式的文件

【语法】

```
to_csv(path_or_buf, sep, columns, header, index)
```

功能：将数据框中的数据写入 csv 格式的文件。

说明：

- path_or_buf：要写入的 csv 格式的文件。
- sep：数据项之间的分隔符，默认 sep=','。

其他参数的含义与 to_excel()方法的相同。to_csv()方法中的其他参数选项及其作用可查阅相关帮助文档。

【例 8-3】 将数据库中的数据保存到 csv 格式的文件。

```
#导入数据集中的部分列
>>> sales = pd.read_excel(r'd:\mypython\订单.xlsx', usecols=[1,3,5])
>>> sales.tail()
         订单日期  商品名称   数量
305 2021-02-28   运动服  10.0
306 2021-02-28    围巾  19.0
307 2021-02-28   运动服  11.0
308 2021-02-28   休闲鞋  17.0
309 2021-02-28   休闲鞋   7.0
#数据导出为 csv 文件,不带行索引
>>> sales.to_csv(r'd:\mypython\订单_part.csv',
                encoding='gbk', index=False)
```

8.4　数据预处理

原始数据中可能存在不完整、不一致、有异常的数据，从而影响数据分析的结果。通过数据预处理可以提高数据的质量，满足数据分析的要求，提升数据分析的效果。

数据预处理包括数据清洗和数据加工。数据清洗主要是发现和处理原始数据中存在的缺失值、重复值和异常值，以及无意义的数据；数据加工是对原始数据的变换，通过对数据进行计算、转换、分类、重组等发现更有价值的数据形式。

无意义的数据主要是指与数据分析无关的数据，可以在导入数据框时选择不包含这些数据列；或者在导入数据框后再删除这些不需要的数据列。本节主要介绍缺失值、重复值和异常值的处理，以及一些常用的数据加工方法。

8.4.1　缺失值处理

缺失值即空值(Null)，在 Pandas 中用 NaN 表示。由于人为失误或机器故障，可能会导致某些数据丢失。从统计上说，缺失的数据可能会产生有偏估计。

1. 查找缺失值

使用 info()方法可以查看数据框中是否存在有缺失值的字段。此外，还可以使用数据框对象的 isnull()方法判断是否有缺失值。

【例 8-4】 查找“订单”数据框中的缺失值和包含缺失值的记录。

```
>>> df = pd.read_excel(r'd:\mypython\订单.xlsx')
>>> df.isnull().any()                                    #查找存在缺失值的字段
订单编号     False
订单日期     False
用户 ID      False
商品名称      True
单价          True
数量          True
金额         False
dtype: bool
```

从考查结果中可以看出，数据集中的商品名称、单价和数量字段存在缺失值。通过条件筛选可以进一步查看包含空值的记录。

```
>>> df[df['商品名称'].isnull()]
       订单编号       订单日期    用户 ID  商品名称  单价  数量  金额
23     302024  2021-02-03  142285      NaN   NaN   NaN   0.0
67     302068  2021-02-07  192665      NaN   NaN   NaN   0.0
139    302140  2021-02-11  132538      NaN   NaN   NaN   0.0
240    302241  2021-02-20  156384      NaN   NaN   NaN   0.0
285    302286  2021-02-25  185748      NaN   NaN   NaN   0.0
```

从查找结果中还可以发现空值的存在会导致这些记录的金额都为 0。

2. 处理缺失值

处理缺失数据一般有 3 种方法：忽略缺失值、删除缺失值、填充缺失值。

- 当样本数据量很大时，可以忽略缺失值，即不对缺失值做任何处理。
- 删除缺失值是指删除包含缺失值的整行或整列数据，如果样本数据充足，则可以采用这种处理方式。
- 在实际应用中，还可以采用填充缺失值的处理方式，例如使用经验值、均值、中位数、众数、机器学习的预测结果或者其他业务数据集中的数据填充缺失值(例如员工的年龄数据若有缺失，则可以通过查询企业人事资料将缺失值补充完整)。

使用数据框对象的 dropna()方法可以删除缺失值。

【语法】

```
dropna(axis, how, thresh, subset, inplace)
```

功能：删除空值所在的行或列。

说明

- axis：删除操作的轴向，默认 axis=0，表示删除行（记录）；axis=1 表示删除列（字段）。
- how：根据空值数量执行删除操作，默认 how='any'，表示只要某行或某列中出现空值就将该行或该列删除；how= 'all'表示只有当某行或某列全部为空值时才删除该行或该列。
- thresh：阈值，当行或列中非空值的数量少于该阈值时将该行或该列删除。
- subset：删除空值时只考虑哪些行或列，例如 axis=0 时，subset = ['a','d']表示删除 a 列或 d 列中含有空值的行。
- inplace：是否原地删除，默认 inplace=False，表示返回一个新的数据框对象（操作结果不会影响当前的数据框对象）；inplace=True 表示直接在当前数据框中执行删除操作。

【例 8-5】　删除"订单"数据框中的空值记录，并将处理结果保存到新的 Excel 文件。

```
>>> df = pd.read_excel(r'd:\mypython\订单.xlsx')
>>> df.shape
(310, 7)
>>> df.dropna(inplace=True)                              #原地删除
>>> df.shape
(305, 7)
>>> df.to_excel(r'd:\mypython\订单_clean.xlsx', index=False)
```

使用赋值操作或数据框对象的 fillna()方法可以填充缺失值。

【语法】

```
fillna(value, method, axis, inplace, limit)
```

说明

- value：用于填充的值，可以是标量或字典、Series、DataFrame 类型的数据。
- method：填充方式，默认使用 value 值填充；method='pad'或 method='ffill'表示使用前一个有效值填充缺失值；method='backfill' 或 method='bfill'表示使用缺失值后的第一个有效值填充前面的所有连续缺失值。
- axis：填充操作的轴向。
- inplace：是否原地操作，默认 inplace=False，返回一个新的数据框对象。
- limit：如果设置了参数 method，则指定最多填充多少个连续的缺失值。

本例中,商品名称使用订单表中出现得最多的商品填充,由8.3.1节的考查结果可知,订购最多的商品是“T恤”。缺失商品的单价可以从商品信息表中获得,缺失的数量可以根据业务经验设置。

【例8-6】 填充“订单”数据框中的缺失值。

```
>>> df_fill = pd.read_excel(r'd:\mypython\订单.xlsx')
>>> goods = 'T恤'                                      #商品名称
>>> num = 1                                           #数量
>>> price = 65.8                                      #单价
#填充缺失值
>>> adict = {'商品名称':goods, '单价':price, '数量':num }
>>> df_fill.fillna(value = adict, inplace=True)
>>> df_fill.iloc[[23,67,139,240,285]]                 #查看原来的缺失值记录
      订单编号      订单日期    用户ID  商品名称  单价  数量  金额
23    302024  2021-02-03  142285      T恤  65.8   1.0   0.0
67    302068  2021-02-07  192665      T恤  65.8   1.0   0.0
139   302140  2021-02-11  132538      T恤  65.8   1.0   0.0
240   302241  2021-02-20  156384      T恤  65.8   1.0   0.0
285   302286  2021-02-25  185748      T恤  65.8   1.0   0.0
```

8.4.2 异常值处理

异常值一般是指因数据采集错误或类似原因而产生的超出正常范围或不合逻辑的数据。例如商品的进货量是50件,销量却达到200件。

1. 查找异常值

通过条件查询、基本统计量分析或图表分析等方法可以发现数据集中的异常值。

8.3.1节利用数据框对象的describe()方法考查了各个字段的数据分布情况,发现订单金额的最小值为0,这显然是一个异常值。

【例8-7】 查找“订单”数据框中金额为0元的记录。

```
>>> df = pd.read_excel(r'd:\mypython\订单.xlsx')
>>> df_err = df[df['金额'] == 0]
>>> df_err
      订单编号      订单日期    用户ID  商品名称  单价  数量  金额
23    302024  2021-02-03  142285       NaN   NaN   NaN   0.0
67    302068  2021-02-07  192665       NaN   NaN   NaN   0.0
139   302140  2021-02-11  132538       NaN   NaN   NaN   0.0
240   302241  2021-02-20  156384       NaN   NaN   NaN   0.0
285   302286  2021-02-25  185748       NaN   NaN   NaN   0.0
```

2. 处理异常值

处理异常值一般有 2 种方法：删除异常值记录或替换异常值。

使用 8.1.4 节介绍的数据框对象的 drop()方法可以完成删除操作。

【例 8-8】 根据例 8-7 的查询结果删除“订单”数据框中金额为 0 元的记录。

```
>>> idx_err = df_err.index                          #获取数据框的索引
>>> idx_err
Int64Index([23, 67, 139, 240, 285], dtype='int64')
>>> df.drop(index = idx_err, inplace = True)        #原地删除
>>> df[df.金额 == 0]                         #返回结果为空,即不存在金额为 0 的记录
Empty DataFrame
Columns: [订单编号, 订单日期, 用户 ID, 商品名称, 单价, 数量, 金额]
Index: []
```

例 8-6 对缺失的商品信息进行了填充操作，可以根据已填充的数据计算出相应的金额，使用赋值操作替换所有金额为 0 的记录。

【例 8-9】 根据例 8-6 的处理结果替换金额为 0 的记录，并将最终结果保存到新的 Excel 文件。

```
>>> num = 1
>>> price = 65.8
>>> amount = price * num                                    #计算金额
>>> df_fill.loc[df_fill['金额'] == 0, '金额']=amount        #用 amount 替换 0
>>> df_fill.iloc[idx_err]                                   #查看原来的异常值记录
     订单编号    订单日期    用户 ID  商品名称  单价  数量  金额
23    302024  2021-02-03  142285      T恤  65.8  1.0  65.8
67    302068  2021-02-07  192665      T恤  65.8  1.0  65.8
139   302140  2021-02-11  132538      T恤  65.8  1.0  65.8
240   302241  2021-02-20  156384      T恤  65.8  1.0  65.8
285   302286  2021-02-25  185748      T恤  65.8  1.0  65.8
>>> df_fill.to_excel(r'd:\mypython\订单_fill.xlsx', index=False)
```

8.4.3 重复值处理

重复值是指不同记录在同一个字段上有相同的取值。通常把数据集中所有字段值都相同的记录视为重复记录。重复值处理主要是查找并删除这些重复的记录。

1. 查找重复值

使用数据框对象的 duplicated()方法可以检测重复值。

【语法】

```
duplicated(subset, keep)
```

功能：按照指定的方式判断数据集中是否存在相同的记录，结果返回布尔值。

说明：

- subset：根据哪些字段判断存在重复的记录，默认所有字段值都相同的记录为重复记录。
- keep：如何标记重复值，默认 keep='first'，表示将第一次出现的重复数据标记为 False；keep='last'表示将最后一次出现的重复数据标记为 False；keep=False 表示将所有重复数据都标记为 True。

【例 8-10】 导入"订单"文件中的订单日期、用户 ID、商品名称和数量，检查是否有重复记录。

```
>>> df_part = pd.read_excel(r'd:\mypython\订单.xlsx',usecols=[1,2,3,5])
>>> df_part.head()
      订单日期   用户 ID   商品名称   数量
0  2021-02-01  137401      围巾   12.0
1  2021-02-01  177562    运动服    7.0
2  2021-02-01  133422      T恤   24.0
3  2021-02-01  138462    运动服   24.0
4  2021-02-01  158949      T恤   14.0
>>> df_part[df_part.duplicated(keep=False)]    #显示所有重复记录
       订单日期   用户 ID   商品名称   数量
45  2021-02-05  120957      卫衣   15.0
48  2021-02-05  120957      卫衣   15.0
79  2021-02-08  186059      T恤    5.0
90  2021-02-08  186059      T恤    5.0
```

筛选结果显示有两组重复的记录：ID 为 120957 的用户在 2021-02-05 有两笔商品及数量都相同的订单记录，ID 为 186059 的用户在 2021-02-08 也有两笔商品及数量都相同的订单记录。出现重复记录的原因有多种，可能是因为用户喜欢这件商品，所以在同一天购买了两次，这是正常的数据；也可能是因为用户在购买后进行了退货，然后又重新购买，但商家没有将这条已退货的订单记录删除。可以通过其他相关的用户购买信息或用户的反馈信息决定是否处理这些重复的记录。

2. 处理重复值

对于不需要的重复记录，可以使用数据框对象的 drop_duplicates()方法将其删除。

【语法】

```
drop_duplicates(subset, keep, inplace)
```

说明：keep 可以决定要保留的重复记录，默认 keep='first'，表示在重复记录中保留第一次出现的记录，其他记录均删除；keep='last'表示在重复记录中保留最后一次出现的记录，其他均删除；keep=False 表示删除所有重复记录。

【例 8-11】 删除例 8-10 中建立的数据框中的重复记录。

```
>>> df_part.shape                                           #原有的数据集形状
(310, 4)
>>> df_part.drop_duplicates(keep='first', inplace=True)
>>> df_part.shape                                           #删除重复记录后的数据集形状
(308, 4)
```

8.4.4　其他处理

根据数据分析的需要对缺失值、异常值和重复值进行处理后，可能还需要对数据进行进一步加工，如转换数据类型、对原有字段进行拆分或抽取以构造新的数据特征等。

1. 数据类型转换

8.3.1 节介绍了 Pandas 中的数据类型，并了解到"订单"数据框中各个字段的数据类型。其中，用户 ID 为 int 型，可以将其转换为字符串类型，以便进行下一步的数据抽取操作。

【例 8-12】 修改用户 ID 的数据类型，设置为字符串类型。

```
>>> df = pd.read_excel(r'd:\mypython\订单_clean.xlsx')
>>> df['用户 ID'].dtype                                     #查看用户 ID 字段的数据类型
dtype('int64')
>>> df['用户 ID'] = df['用户 ID'].astype(str)               #设置字段类型为 str
>>> df['用户 ID'].dtype                                     #查看转换后的数据类型
dtype('O')
```

2. 字段拆分与抽取

字段拆分是指将一个字段分解为多个字段，例如将用"省市县"表示的"地址"字段拆分为"省""市""县"3 个字段。字段抽取是指从一个字段中提取部分信息，并构成一个新字段。

在"订单"数据中，用户 ID 的前两位数字代表用户所在的地区，后续会按地区对订单进行统计分析，所以需要把用户 ID 的前两位抽取出来，作为一个新的特征添加到数据框中。

【例 8-13】 根据例 8-12 的处理结果将用户 ID 的前两位抽取出来作为地区编码。

```
>>> df['地区编码'] = df['用户 ID'].str[0:2]           #抽取用户 ID 的前两位
>>> df.head()
    订单编号      订单日期   用户 ID  商品名称    单价  数量      金额  地区编码
0    302001  2021-02-01   137401      围巾   21.60    12    259.20       13
1    302002  2021-02-01   177562    运动服  210.00     7   1470.00       17
2    302003  2021-02-01   133422      T恤   55.93    24   1342.32       13
3    302004  2021-02-01   138462    运动服  178.50    24   4284.00       13
4    302005  2021-02-01   158949      T恤   65.80    14    921.20       15
```

此外，利用 Series 对象的 dt 属性接口可以从日期时间型数据中提取年、月、日、时、分、秒、星期、季度等时间信息，后续可以按这些时间单位进行数据分析。

【例 8-14】 在例 8-13 的基础上，再从订单日期中提取周次（一年中的第几周）信息添加到数据框中，并将操作结果保存到新的 Excel 文件。

```
>>> df['周次'] = df['订单日期'].dt.isocalendar().week
>>> df[['订单编号','订单日期','地区编码','周次']].head()
   订单编号      订单日期  地区编码  周次
0   302001  2021-02-01       13     5
1   302002  2021-02-01       17     5
2   302003  2021-02-01       13     5
3   302004  2021-02-01       13     5
4   302005  2021-02-01       15     5
>>> df.to_excel(r'd:\mypython\订单_new.xlsx', index=False)
```

8.5 数据查询

数据查询是数据分析中最常用的方法，可以通过数据框对象的下标或筛选条件查询所需要的记录或字段。

本节使用“订单_new.xlsx”数据集进行查询分析。

```
>>> df = pd.read_excel(r'd:\mypython\订单_new.xlsx')
```

【例 8-15】 查询从行索引 100 开始的 5 条记录。

```
>>> df[100:105]
      订单编号      订单日期 用户 ID 商品名称  单价  数量     金额  地区编码  周次
100   302103 2021-02-09 102369     T恤 65.80    7  460.60       10     6
101   302104 2021-02-09 104586     T恤 65.80   11  723.80       10     6
102   302105 2021-02-09 105937     T恤 65.80   17 1118.60       10     6
103   302106 2021-02-09 110328     T恤 55.93   26 1454.18       11     6
104   302107 2021-02-09 115207     T恤 65.80   18 1184.40       11     6
```

【例 8-16】 查询“商品名称”“数量”和“周次”信息。

```
>>> df[['商品名称','数量','周次']]
   商品名称  数量  周次
0      围巾    12     5
1    运动服     7     5
2      T恤    24     5
```

```
3    运动服  24   5
4      T恤  14   5
...    ...  ...  ...
300  运动服  10   8
301    围巾  19   8
302  运动服  11   8
303  休闲鞋  17   8
304  休闲鞋   7   8

[305 rows x 3 columns]
```

【例 8-17】 查询前3条记录的"商品名称""数量"和"周次"。

```
>>> df[:3][['商品名称','数量','周次']]
  商品名称  数量  周次
0     围巾    12     5
1   运动服     7     5
2     T恤    24     5
```

【例 8-18】 查询"运动服"的订单情况,显示最后5条记录。

```
>>> df[df.商品名称 == '运动服'].tail()
    订单编号      订单日期  用户ID 商品名称   单价  数量    金额  地区编码  周次
263   302268 2021-02-23 112055    运动服 178.5   25 4462.5        11     8
265   302270 2021-02-23 190013    运动服 178.5   28 4998.0        19     8
278   302283 2021-02-25 156050    运动服 178.5   30 5355.0        15     8
300   302306 2021-02-28 138656    运动服 210.0   10 2100.0        13     8
302   302308 2021-02-28 169543    运动服 210.0   11 2310.0        16     8
```

【例 8-19】 查询订单金额超过5000元(含)的商品名称和金额。

```
>>> df[df.金额 >= 5000][['商品名称','金额']]
    商品名称    金额
278   运动服  5355.0
```

【例 8-20】 查询订购数量在25～30内的商品名称、数量和金额。

```
>>> df[df['数量'].between(25,30)][['商品名称','数量','金额']]
   商品名称  数量      金额
6    运动服    25  4462.50
8    运动服    28  4998.00
17     围巾    30   550.80
```

```
21      围巾   27    495.72
27     休闲鞋   26   3580.20
...      ...  ...       ...
274     围巾   25    459.00
278    运动服   30   5355.00
279     围巾   27    495.72
284     围巾   25    459.00
293    休闲鞋   27   3717.90

[62 rows x 3 columns]
```

【例 8-21】 查询“围巾”和“运动服”的订单信息。

```
>>> df[df['商品名称'].isin(['围巾','运动服'])].head()
     订单编号       订单日期   用户 ID  商品名称    单价  数量     金额  地区编码  周次
0  302001  2021-02-01  137401      围巾   21.6  12   259.2      13   5
1  302002  2021-02-01  177562     运动服  210.0   7  1470.0      17   5
3  302004  2021-02-01  138462     运动服  178.5  24  4284.0      13   5
5  302006  2021-02-01  132368     运动服  210.0   1   210.0      13   5
6  302007  2021-02-01  168738     运动服  178.5  25  4462.5      16   5
```

【例 8-22】 查询订购数量超过 25(含)的“卫衣”的订单信息。

```
>>> df[(df.数量 >= 25) & (df.商品名称 == '卫衣')]
      订单编号       订单日期   用户 ID  商品名称     单价  数量      金额  地区编码  周次
42   302044  2021-02-05  106637      卫衣  107.53  27  2903.31      10   5
48   302050  2021-02-05  145382      卫衣  107.53  29  3118.37      14   5
72   302075  2021-02-07  172116      卫衣  107.53  29  3118.37      17   5
75   302078  2021-02-07  190494      卫衣  107.53  30  3225.90      19   5
76   302079  2021-02-07  194631      卫衣  107.53  29  3118.37      19   5
118  302121  2021-02-10  103142      卫衣  107.53  25  2688.25      10   6
122  302125  2021-02-10  109288      卫衣  107.53  27  2903.31      10   6
123  302126  2021-02-10  109356      卫衣  107.53  25  2688.25      10   6
131  302134  2021-02-10  137201      卫衣  107.53  28  3010.84      13   6
145  302149  2021-02-11  115214      卫衣  107.53  27  2903.31      11   6
163  302167  2021-02-12  169746      卫衣  107.53  26  2795.78      16   6
```

说明：当有多个条件时，每个条件必须用圆括号括起来。

【例 8-23】 查询金额超过 4500 元或者订单日期是 2021 年 2 月 28 日的订单记录。

```
>>> df[(df.金额 > 4500) | (df.订单日期 == '2021-2-28')]
```

```
       订单编号      订单日期   用户ID  商品名称   单价  数量     金额  地区编码  周次
8      302009  2021-02-01  149841    运动服  178.5   28  4998.0        14     5
110    302113  2021-02-09  101148    运动服  178.5   27  4819.5        10     6
240    302245  2021-02-21  108698    运动服  178.5   28  4998.0        10     7
265    302270  2021-02-23  190013    运动服  178.5   28  4998.0        19     8
278    302283  2021-02-25  156050    运动服  178.5   30  5355.0        15     8
299    302305  2021-02-28  116189    休闲鞋  162.0   19  3078.0        11     8
300    302306  2021-02-28  138656    运动服  210.0   10  2100.0        13     8
301    302307  2021-02-28  156928      围巾   21.6   19   410.4        15     8
302    302308  2021-02-28  169543    运动服  210.0   11  2310.0        16     8
303    302309  2021-02-28  184880    休闲鞋  162.0   17  2754.0        18     8
304    302310  2021-02-28  106357    休闲鞋  162.0    7  1134.0        10     8
```

【例 8-24】 查询金额最大的10条记录。

```
>>> df.nlargest(10, '金额')                                #降序排列
       订单编号      订单日期   用户ID  商品名称   单价  数量     金额  地区编码  周次
278    302283  2021-02-25  156050    运动服  178.5   30  5355.0        15     8
8      302009  2021-02-01  149841    运动服  178.5   28  4998.0        14     5
240    302245  2021-02-21  108698    运动服  178.5   28  4998.0        10     7
265    302270  2021-02-23  190013    运动服  178.5   28  4998.0        19     8
110    302113  2021-02-09  101148    运动服  178.5   27  4819.5        10     6
6      302007  2021-02-01  168738    运动服  178.5   25  4462.5        16     5
263    302268  2021-02-23  112055    运动服  178.5   25  4462.5        11     8
3      302004  2021-02-01  138462    运动服  178.5   24  4284.0        13     5
93     302096  2021-02-08  192008    运动服  178.5   24  4284.0        19     6
157    302161  2021-02-12  152072    运动服  178.5   24  4284.0        15     6
```

说明：使用数据框对象的nsmallest()方法可以查询最小的前n条记录(升序排序)。

使用nlargest()和nsmallest()方法可以自动按降序或升序进行排序。对于其他方式的查询结果,可以使用8.1.5节介绍的sort_values()方法进行排序。通过排序可以对查询结果进行重新组织,以方便分析数据。

【例 8-25】 按订单记录的数量字段升序排序。

```
>>> df.sort_values(by='数量')
       订单编号      订单日期   用户ID  商品名称    单价  数量    金额  地区编码  周次
158    302162  2021-02-12  161204      T恤   65.80    1   65.8        16     6
69     302072  2021-02-07  163860      卫衣  126.50    1  126.5        16     5
282    302288  2021-02-26  112672      卫衣  126.50    1  126.5        11     8
16     302017  2021-02-02  154597      围巾   21.60    1   21.6        15     5
```

```
205 302209 2021-02-16 172412 围巾   21.60   1    21.6  17    7
...    ...        ...    ...  ...    ... ...     ...  ... ...
75  302078 2021-02-07 190494 卫衣 107.53  30  3225.9  19    5
242 302247 2021-02-21 158737 围巾  18.36  30   550.8  15    7
235 302239 2021-02-20 190536 围巾  18.36  30   550.8  19    7
216 302220 2021-02-18 140432 围巾  18.36  30   550.8  14    7
151 302155 2021-02-12 187060 T恤   55.93  30  1677.9  18    6

[305 rows x 9 columns]
```

【例 8-26】 按订单记录的金额和订单日期这两个字段降序排序。

```
>>> df.sort_values(by=['金额','订单日期'],ascending=False).head()
      订单编号       订单日期  用户ID  商品名称   单价  数量      金额  地区编码  周次
278   302283 2021-02-25 156050   运动服 178.5  30  5355.0      15   8
265   302270 2021-02-23 190013   运动服 178.5  28  4998.0      19   8
240   302245 2021-02-21 108698   运动服 178.5  28  4998.0      10   7
8     302009 2021-02-01 149841   运动服 178.5  28  4998.0      14   5
110   302113 2021-02-09 101148   运动服 178.5  27  4819.5      10   6
```

【例 8-27】 查询订单金额至少为 2000 元的记录，并按金额降序排序。

```
>>> df[df.金额 >= 2000].sort_values(by='金额', ascending=False)
      订单编号       订单日期  用户ID  商品名称   单价  数量      金额  地区编码  周次
278   302283 2021-02-25 156050   运动服 178.5  30  5355.0      15   8
265   302270 2021-02-23 190013   运动服 178.5  28  4998.0      19   8
8     302009 2021-02-01 149841   运动服 178.5  28  4998.0      14   5
240   302245 2021-02-21 108698   运动服 178.5  28  4998.0      10   7
110   302113 2021-02-09 101148   运动服 178.5  27  4819.5      10   6
...      ...        ...    ...    ...   ...  ...     ...     ...  ...
262   302267 2021-02-23 111654   运动服 210.0  10  2100.0      11   8
184   302188 2021-02-14 190921   运动服 210.0  10  2100.0      19   6
300   302306 2021-02-28 138656   运动服 210.0  10  2100.0      13   8
41    302043 2021-02-05 111047     卫衣 126.5  16  2024.0      11   5
81    302084 2021-02-08 196562     卫衣 126.5  16  2024.0      19   6

[77 rows x 9 columns]
```

8.6 数据汇总

数据汇总是指对指定的数据项进行聚合操作，或者根据指定的数据项进行分类汇总，是一种重要的数据分析方法。Pandas 中提供了多种数据汇总的方法。

本节使用“订单_new.xlsx”数据集进行统计分析。

```
>>> df = pd.read_excel(r'd:\mypython\订单_new.xlsx')
```

8.6.1 分组统计

利用数据框对象的 describe()方法可以查看数据框中各个数值型字段的最小值、最大值、均值、标准差等统计信息。此外，Pandas 还提供了其他常用的描述统计方法，如表 8-4 所示。

表 8-4　常用的描述统计方法

方　法	含　义	方　法	含　义
min	最小值	max	最大值
mean	均值	sum	求和
median	中位数	count	非空值数目
mode	众数	ptp	极差
var	方差	std	标准差
quantile	四分位数	cov	协方差
skew	样本偏度	kurt	样本峰度
sem	标准误差	mad	平均绝对离差
describe	描述统计	value_counts	频数统计

使用方法如下。

```
>>> df['金额'].sum()                       #总金额
418372.63
>>> df['订单编号'].count()                 #订单数
305
>>> df[['数量','金额']].max()              #最大的订单数量和金额
数量        30.0
金额      5355.0
dtype: float64
>>> df['商品名称'].mode()                  #订单记录最多的商品
```

```
0     T恤
dtype: object
>>> df['商品名称'].value_counts()                    #各种商品的订单记录数量
T恤       95
围巾       67
卫衣       58
运动服     46
休闲鞋     39
Name: 商品名称, dtype: int64
>>> df['地区编码'].value_counts()                    #各个地区的订单记录数量
11    45
18    42
13    33
19    33
10    32
16    27
12    26
17    25
15    23
14    19
Name: 地区编码, dtype: int64
>>> df[df.商品名称=='休闲鞋']['数量'].sum()          #休闲鞋的订购总数量
598
>>> df[df.金额 >= 3000]['订单编号'].count()          #金额达 3000 元的订单记录数量
35
```

如果要对某个数据项一次性地进行多个统计指标的分析，则可以使用 agg()聚合方法。

```
>>> df['金额'].agg(['min','max'])                    #统计金额的最小值和最大值
min      21.6
max    5355.0
Name: 金额, dtype: float64
```

如果要细化统计范围，则可以将数据框中的数据按照一列或多列的值进行分组，然后对每个分组中的数据进行汇总统计。

使用数据框对象的 groupby()方法可以得到一个 GroupBy（分组）对象，再对 GroupBy 对象使用 agg()方法可以对每个分组中的数据进行统计，实现分组汇总功能。

【语法】

```
groupby(by, axis, as_index, sort)
```

功能：生成一个 GroupBy 分组对象。

说明：

- by：分组依据，可以是字段、字段列表、函数、字典、Series 等对象。
- axis：按哪个轴分组，默认 axis=0。
- as_index：是否将分组字段作为分组结果中的索引，默认 as_index=True。
- sort：是否按分组字段排序，默认 sort=True。

【例 8-28】 统计每种商品的订购总金额，再按总金额降序排序。

```
>>> df1 = df.groupby('商品名称',as_index=False).agg({'金额': 'sum'})
>>> df1
    商品名称        金额
0      T恤   87569.93
1    休闲鞋   89780.40
2      卫衣  101164.46
3      围巾   19842.84
4    运动服  120015.00
>>> df1.sort_values('金额',ascending=False)      #按金额排序
    商品名称        金额
4    运动服  120015.00
2      卫衣  101164.46
1    休闲鞋   89780.40
0      T恤   87569.93
3      围巾   19842.84
```

【例 8-29】 统计每种商品的订购总数量，并按总数量排名。

```
>>> df2 = df.groupby('商品名称').agg({'数量': 'sum'})
>>> df2
          数量
商品名称
T恤       1460
休闲鞋     598
卫衣       872
围巾      1019
运动服     633
>>> df2 = df2.reset_index()                               #重置索引
>>> df2
    商品名称  数量
0      T恤  1460
1    休闲鞋   598
2      卫衣   872
3      围巾  1019
4    运动服   633
>>> df2.columns = ['商品名称','总数量']                    #修改列名
```

```
>>> df2
    商品名称  总数量
0      T恤    1460
1    休闲鞋    598
2      卫衣    872
3      围巾   1019
4    运动服    633
>>> df2['排名'] = df2['总数量'].rank(ascending=False)    #排名
>>> df2['排名'] = df2['排名'].astype('int')              #数据类型设置为整型
>>> df2
    商品名称  总数量  排名
0      T恤    1460    1
1    休闲鞋    598    5
2      卫衣    872    3
3      围巾   1019    2
4    运动服    633    4
```

【例 8-30】 统计每周各商品的订购总数量。

```
>>> df.groupby(by=['周次','商品名称']).agg({'数量':'sum'})     #二级分组
                数量
周次  商品名称
5     T恤       286
      休闲鞋      54
      卫衣       471
      围巾       179
      运动服     203
6     T恤       744
      休闲鞋     123
      卫衣       397
      围巾        99
      运动服     205
7     T恤       430
      休闲鞋      35
      卫衣         3
      围巾       395
      运动服     111
8     休闲鞋     386
      卫衣         1
      围巾       346
      运动服     114
```

使用多个分组字段可以实现多级分组，并且默认在分组结果中对应多级行索引。如本例中，一级行索引为“周次”，二级行索引为“商品名称”。利用数据框对象的 reset_ index()方法可以重置索引。

在 GroupBy 对象上可以对同一列使用不同的聚合方法，或对不同列使用不同的聚合方法。

【例 8-31】 统计每周订单金额的最小值和最大值。

```
>>> df3 = df.groupby('周次').agg({'金额':['min','max']})
>>> df3.columns = ['最小值', '最大值']
>>> df3
      最小值   最大值
周次
5       21.6  4998.0
6       43.2  4819.5
7       21.6  4998.0
8       21.6  5355.0
```

【例 8-32】 统计每天的订单数量和总金额。

```
>>> df4 = df.groupby('订单日期').agg ({'订单编号':'count', '金额':'sum'})
>>> df4.columns = ['订单数量','总金额']
>>> df4
            订单数量      总金额
订单日期
2021-02-01        11  21479.42
2021-02-02         7   8849.02
2021-02-03        14  18573.88
2021-02-04         7  10549.50
2021-02-05        14  20090.12
2021-02-06         9  12773.53
2021-02-07        15  29486.12
2021-02-08        22  25589.18
2021-02-09        16  20509.51
2021-02-10        17  33944.25
2021-02-11        19  30961.58
2021-02-12        14  18333.35
2021-02-13        11   8645.58
2021-02-14        12  11399.13
2021-02-15         9   9848.77
2021-02-16         9   7536.91
2021-02-17         6   5403.40
2021-02-18         7   8018.89
2021-02-19         9   7092.10
2021-02-20         9  10057.70
2021-02-21        12  12634.71
2021-02-22         9  15912.72
```

```
2021-02-23         8  17320.14
2021-02-24         8  17163.90
2021-02-25         8  11358.72
2021-02-26         9   3285.50
2021-02-27         8   9768.60
2021-02-28         6  11786.40
```

【例 8-33】 统计每周各商品的订购总数量和总金额。

```
>>> df.groupby(by=['周次', '商品名称']).agg({'数量':'sum', '金额':'sum'})
                  数量       金额
周次  商品名称
5     T恤         286   16963.24
      休闲鞋       54    7435.80
      卫衣        471   55123.55
      围巾        179    3429.00
      运动服      203   38850.00
6     T恤         744   44898.63
      休闲鞋      123   18297.90
      卫衣        397   45534.91
      围巾         99    1979.64
      运动服      205   38671.50
7     T恤         430   25708.06
      休闲鞋       35    5670.00
      卫衣          3     379.50
      围巾        395    7666.92
      运动服      111   21168.00
8     休闲鞋      386   58376.70
      卫衣          1     126.50
      围巾        346    6767.28
      运动服      114   21325.50
```

8.6.2 分区统计

分区统计是指按照一定的业务指标对连续型变量进行等距或不等距的切分，从而分析数据在各个区间的分布规律。使用 Pandas 库的 cut()函数可以实现分区操作。

【语法】

```
cut(x, bins, right, labels)
```

功能：按照指定间距将数据分区。

说明：

- x：要分区的数据。

- bins：分区数目或表示分区间隔的序列。
- right：区间右边是否闭合，默认 right=True，表示左开右闭。
- labels：各区间对应的标签。

【例 8-34】 根据每日的订购总金额，按照指定间距划分金额等级，并统计各等级的数量。

```
>>> df5 = df.groupby('订单日期').agg ({'金额':'sum'})
>>> df5.columns = ['总金额']
>>> bins = [3000, 8000, 15000, 23000, 30000, 35000]        #指定分区间距
>>> labels = ['L1','L2','L3','L4','L5']                     #设置 5 个等级
>>> df5['等级'] = pd.cut(df5['总金额'], bins = bins, labels = labels)
>>> df5
                 总金额  等级
订单日期
2021-02-01  21479.42    L3
2021-02-02   8849.02    L2
2021-02-03  18573.88    L3
2021-02-04  10549.50    L2
2021-02-05  20090.12    L3
2021-02-06  12773.53    L2
2021-02-07  29486.12    L4
2021-02-08  25589.18    L4
2021-02-09  20509.51    L3
2021-02-10  33944.25    L5
2021-02-11  30961.58    L5
2021-02-12  18333.35    L3
2021-02-13   8645.58    L2
2021-02-14  11399.13    L2
2021-02-15   9848.77    L2
2021-02-16   7536.91    L1
2021-02-17   5403.40    L1
2021-02-18   8018.89    L2
2021-02-19   7092.10    L1
2021-02-20  10057.70    L2
2021-02-21  12634.71    L2
2021-02-22  15912.72    L3
2021-02-23  17320.14    L3
2021-02-24  17163.90    L3
2021-02-25  11358.72    L2
2021-02-26   3285.50    L1
2021-02-27   9768.60    L2
2021-02-28  11786.40    L2
>>> df5['等级'].value_counts().sort_index()                #统计各等级的数量
```

```
L1      4
L2     12
L3      8
L4      2
L5      2
Name: 等级, dtype: int64
```

也可以直接指定分区数目,按照等间距划分区间。

```
>>> pd.cut(df5['总金额'], bins=5)
订单日期
2021-02-01    (15549.0, 21680.75]
2021-02-02    (3254.841, 9417.25]
2021-02-03    (15549.0, 21680.75]
2021-02-04     (9417.25, 15549.0]
2021-02-05    (15549.0, 21680.75]
2021-02-06     (9417.25, 15549.0]
2021-02-07    (27812.5, 33944.25]
2021-02-08    (21680.75, 27812.5]
2021-02-09    (15549.0, 21680.75]
2021-02-10    (27812.5, 33944.25]
2021-02-11    (27812.5, 33944.25]
2021-02-12    (15549.0, 21680.75]
2021-02-13    (3254.841, 9417.25]
2021-02-14     (9417.25, 15549.0]
2021-02-15     (9417.25, 15549.0]
2021-02-16    (3254.841, 9417.25]
2021-02-17    (3254.841, 9417.25]
2021-02-18    (3254.841, 9417.25]
2021-02-19    (3254.841, 9417.25]
2021-02-20     (9417.25, 15549.0]
2021-02-21     (9417.25, 15549.0]
2021-02-22    (15549.0, 21680.75]
2021-02-23    (15549.0, 21680.75]
2021-02-24    (15549.0, 21680.75]
2021-02-25     (9417.25, 15549.0]
2021-02-26    (3254.841, 9417.25]
2021-02-27     (9417.25, 15549.0]
2021-02-28     (9417.25, 15549.0]
Name: 总金额, dtype: category
Categories (5, interval[float64]): [(3254.841, 9417.25] < (9417.25, 15549.0] <
                                    (15549.0, 21680.75] < (21680.75, 27812.5] <
                                    (27812.5, 33944.25]]
```

8.6.3 重采样

对于时间序列的数据，可以通过重新采样按照指定的时间周期生成具有新的时间频率的数据样本，可以将其看作一种针对时间序列数据的分区操作。

使用数据框对象的 resample()方法可以得到一个 DatetimeIndexResampler 重采样对象，基于该对象中的时间频率可以进行汇总统计。

【语法】

```
resample(rule, axis, closed, label, on)
```

功能：生成一个 DatetimeIndexResampler 重采样对象。

说明：

- rule：重采样的周期。例如，'7D'表示每 7 天采样一次。
- axis：按照哪个轴进行重采样，默认 axis=0。
- closed：采样区间的闭合端，closed='left'表示起始值闭合，closed ='right'表示结束值闭合。
- label：结果数据框的行索引。label='left'表示采样周期的起始时间作为行索引，label='right'表示采样周期的结束时间作为行索引。
- on：根据哪一列进行重采样，该列数据必须是日期时间类型。

【例 8-35】 对"订单日期"以 7 天为一个周期进行重新采样，并统计每个周期的订购总数量和总金额。

```
>>> df.resample('7D', on='订单日期').agg({'数量':'sum','金额':'sum'})
              数量        金额
订单日期
2021-02-01  1193  121801.59
2021-02-08  1568  149382.58
2021-02-15   974   60592.48
2021-02-22   847   86595.98
```

8.7 建立数据透视表

数据透视表是对数据框中的数据进行快速分类汇总的一种分析方法，可以根据一个或多个字段，在行和列的方向对数据进行分组聚合，以多种不同的方式灵活地展示数据的特征，从不同角度对数据进行分析。

若要使用数据透视表功能，则数据框必须是长表形式，即每列都是不同属性的数据项。图 8-2 所示的数据框不是一个长表结构，chinese、math 和 english 三列存储的都是相同的成绩数据。

本节使用“订单_new.xlsx”数据集建立数据透视表。

```
>>> df = pd.read_excel(r'd:\mypython\订单_new.xlsx')
```

使用数据框对象的 pivot_table()方法可以实现数据透视表功能。

【语法】

```
pivot_table(values, index, columns, aggfunc, fill_value,
            margins, dropna, margins_name)
```

说明：

- values：要聚合的字段。
- index：作为行标签的字段。
- columns：作为列标签的字段。
- aggfunc：聚合函数，默认 aggfunc='mean'。
- fill_value：用什么值填充数据透视表中聚合后产生的缺失值。
- margins：数据透视表中是否显示汇总行和汇总列，默认 margins=False。
- margins_name：汇总行和汇总列的标签。默认 margins_name='All'。
- dropna：是否删除空列，默认 dropna=True。

【例 8-36】 制作数据透视表，分析每周各商品的订购总金额。

```
>>> df1= df.pivot_table(values='金额', index='周次', columns='商品名称',
                        aggfunc='sum', margins=True)
>>> df1
商品名称        T恤     休闲鞋        卫衣       围巾       运动服        All
周次
5         16963.24    7435.8   55123.55   3429.00   38850.0   121801.59
6         44898.63   18297.9   45534.91   1979.64   38671.5   149382.58
7         25708.06    5670.0     379.50   7666.92   21168.0    60592.48
8              NaN   58376.7     126.50   6767.28   21325.5    86595.98
All       87569.93   89780.4  101164.46  19842.84  120015.0   418372.63
```

【例 8-37】 制作数据透视表，分析每天各商品的订购数量，空值用 0 填充。

```
>>> df2 = df.pivot_table(values='数量', index='订单日期',
                         columns='商品名称', aggfunc='sum',
                         fill_value=0,
                         margins=True, margins_name='总计')
>>> df2
商品名称                  T恤  休闲鞋  卫衣  围巾  运动服  总计
订单日期
2021-02-01 00:00:00      47      0     0    12     99   158
2021-02-02 00:00:00      22      0    59    31      0   112
```

```
2021-02-03 00:00:00     0   26   56    77   36   195
2021-02-04 00:00:00     0    0   36    30   29    95
2021-02-05 00:00:00    25    0  150    29    0   204
2021-02-06 00:00:00   100   28    0     0   14   142
2021-02-07 00:00:00    92    0  170     0   25   287
2021-02-08 00:00:00   120   38   55     0   30   243
2021-02-09 00:00:00   262    0    0     0   27   289
2021-02-10 00:00:00    23   36  116     0   75   250
2021-02-11 00:00:00   126   44  121     0   14   305
2021-02-12 00:00:00    98    0   70     0   25   193
2021-02-13 00:00:00    55    0   35    42    2   134
2021-02-14 00:00:00    60    5    0    57   32   154
2021-02-15 00:00:00    85    0    0    45   20   150
2021-02-16 00:00:00    37    0    0    93   20   150
2021-02-17 00:00:00    13   17    0    15    7    52
2021-02-18 00:00:00    43   18    0    59    7   127
2021-02-19 00:00:00    67    0    3    45    9   124
2021-02-20 00:00:00    92    0    0    56   18   166
2021-02-21 00:00:00    93    0    0    82   30   205
2021-02-22 00:00:00     0   98    0    35    0   133
2021-02-23 00:00:00     0   33    0    49   63   145
2021-02-24 00:00:00     0  111    0    27    0   138
2021-02-25 00:00:00     0   33    0    63   30   126
2021-02-26 00:00:00     0   10    1    75    0    86
2021-02-27 00:00:00     0   58    0    78    0   136
2021-02-28 00:00:00     0   43    0    19   21    83
总计                 1460  598  872  1019  633  4582
```

8.8 数据框的合并与连接

1. 数据框的合并

数据框的合并是指将两个数据框在纵向或横向进行堆叠，合并为一个数据框。使用 Pandas 中的 concat()函数可以完成数据框的合并操作。

【语法】

```
concat(objs, axis, ignore_index)
```

说明：

- objs：要合并的对象，它是包含多个 Series 或 DataFrame 对象的序列。
- axis：沿哪个轴合并，默认 axis=0，表示纵向合并(合并记录)；axis=1 表示横向合并(合并字段)。
- ignore_index：是否忽略原索引并按新的数据框重新组织索引，默认为 False。

concat()函数中的其他参数选项及其作用可查阅相关帮助文档。

“订单_J1.xlsx”和“订单_J2.xlsx”中分别存储了 1 月份上半个月和下半个月的订单信息。如果需要对 1 月份的全部订单信息进行分析，就要将这两份订单数据合并在一起。

【例 8-38】 合并两份订单记录，按新的数据框重新组织索引，并保存合并后的数据。

```
>>> df_1 = pd.read_excel(r'd:\mypython\订单_J1.xlsx')
>>> df_2 = pd.read_excel(r'd:\mypython\订单_J2.xlsx')
>>> df_1.shape
(160, 7)
>>> df_2.shape
(172, 7)
>>> df = pd.concat([df_1, df_2], ignore_index=True)
>>> df.shape
(332, 7)
>>> df.to_excel(r'd:\mypython\订单_Jan.xlsx', index=False)
```

2. 数据框的连接

进行数据分析时，如果需要同时从两个数据框中查询相关数据，则可以使用 Pandas 中的 merge()函数将两个数据框连接在一起。

【语法】

```
merge(left, right, how, on, left_on, right_on, suffixes)
```

功能：将两个数据框对象中的相关记录依据连接字段连接在一起。

说明：

- left、right：要连接的两个数据框。
- on：连接字段，如果没有指定连接字段，则默认根据两个数据框的同名字段进行连接；如果不存在同名字段，则报错。
- how：两个数据框中的记录如何连接在一起，有多个选项，默认 how='inner'，表示将连接字段值相同的记录连接在一起。
- left_on、right_on：当两个数据框中存在语义相同但名称不同的字段时，使用这两个参数分别指定连接字段。
- suffixes：两个数据框中同名字段的后缀，默认 suffixes=('_x', '_y')。

merge()函数中的其他参数选项及其作用可查阅相关帮助文档。

【例 8-39】 根据“订单_new.xlsx”统计每种商品的订购总数量，然后将统计结果中的记录与“商品.csv”中的记录进行连接查询，以便能够同时查看每种商品的订购信息和详细信息。

```
>>> df = pd.read_excel(r'd:\mypython\订单_new.xlsx')
>>> df_sum = df.groupby('商品名称').agg({'数量': 'sum'}).reset_index()
>>> df_sum.columns = ['商品名称', '订购总数量']
>>> df_sum
   商品名称  订购总数量
0      T恤     1460
1    休闲鞋      598
2      卫衣      872
3      围巾     1019
4    运动服      633
>>> goods = pd.read_csv(r'd:\mypython\商品.csv', encoding='gbk')
>>> goods
   商品名称  进价  产地  库存  销售价
0      围巾   15  江苏   50   21.6
1    运动服  130  北京   20  210.0
2      T恤   38  上海  125   65.8
3      卫衣   90  广东   62  126.5
4    休闲鞋  110  广东  210  162.0
5    运动鞋  152  福建   48  237.0
6    太阳帽   11  浙江   10   22.0
>>> pd.merge(df_sum, goods, on='商品名称')
   商品名称  订购总数量  进价  产地  库存  销售价
0      T恤     1460   38  上海  125   65.8
1    休闲鞋      598  110  广东  210  162.0
2      卫衣      872   90  广东   62  126.5
3      围巾     1019   15  江苏   50   21.6
4    运动服      633  130  北京   20  210.0
```

8.9 本章小结

本章介绍了 Pandas 中的基本数据结构及其在数据分析中的应用，主要内容如下。

(1) Pandas 是 Python 中专门用于数据分析的扩展库，有两个主要的数据结构：Series 和 DataFrame；前者是“键-值”对结构，包含 index(索引)和 values(值)两部分，后者是二维表格结构，包含 index(行索引)、columns(列索引)和 values(值) 三部分。

(2) 系列对象可以利用 Python 列表、元组、字典、range 对象和一维数组等创建。数据框对象可以利用 Python 字典、嵌套列表和二维数组等创建，进行数据分析时通常通过导入 Excel、csv、txt 等格式的数据文件创建数据框对象。

(3) 数据分析是指为了提取有用信息和形成结论，有针对性地收集、加工、整理数据，并采用统计方法或数据挖掘技术分析和解释数据的过程。进行数据分析时，首先应确定分析目标，然后准备数据，并对数据进行清洗和加工等预处理，再采用合适的分析方法和工具进行数据的分析和可视化展示，最终形成分析报告。

(4) Pandas 提供了强大的数据预处理功能，结合“订单”数据集介绍了查找和处理缺失值、异常值、重复值以及对原始数据进行加工以提取新特征的基本方法。

(5) Pandas 提供了强大的分析结构化数据的功能，结合“订单”数据集介绍了查询分析、分组统计、分区统计、重采样、数据透视表分析以及数据框的连接查询等常用的数据分析方法。

本章介绍了基于 Pandas 数据处理与数据分析的基本方法及其应用，其他使用方法及其参数选项可以查阅相关帮助文档或利用 help()函数获取联机帮助。

8.10 习　　题

1. 模拟某商场 2020 年 12 个月的服装、化妆品、日用品的销量表，建立名为 sales 的数据框对象。要求：

(1) 销售数据使用随机数生成(每种商品的销量都不超过 50)，使用时间序列对象作为数据框的行索引。

(2) 查询 6 月份“化妆品”的销售量。

(3) 查询 5 月份和 10 月份的销售记录。

(4) 查询“服装”销量为 20～35 的销售记录。

(5) 查询“服装”和“化妆品”销量都超过 30(含)的销售记录。

(6) 按“日用品”销量的降序排序(返回新的数据框对象)。

(7) 统计 2020 年各商品的销售总量。

(8) 统计每个月的销售总量。

(9) 自行选择其他查询目标并完成数据查询。

2. 使用“订单_new.xlsx”中的数据完成以下统计分析。

(1) 每天的订单记录数量。

(2) 每周的订购总数量和总金额，将结果保存到 csv 格式的文件中。

(3) 每周各地的订单记录数量。

(4) 自行选择其他分析目标并完成数据分析。

Chapter 9

第9章 数据可视化

数据可视化可以将数据以图形化的方式表示出来，并能够清晰且直观地呈现数据的特征、趋势或关系等，从而辅助数据分析或展示数据分析的结果。本章主要介绍使用Matplotlib库和Pandas库中的绘图功能绘制折线图、直条图、直方图、饼图、箱线图、散点图等基本图形的方法，并通过实例展示数据可视化的效果。

9.1 基本绘图方法

1. 常用图表类型

(1) 折线图

折线图常用来表示数据趋势，展示数据在时间序列上的变化情况。通过线条的波动趋势可以判断在不同时间区间数据是呈上升趋势还是下降趋势，数据变化是呈平稳趋势还是波动趋势，同时可以根据折线的高点和低点找到数据的波动峰顶和谷底。

(2) 直条图

直条图包括柱形图和条形图两种，通常用于基于分类或时间的数据比较。柱形图中的直条是竖直放置的，使用柱形的高度表示数值的大小；条形图中的直条是水平放置的，使用条形的长度表示数值的大小。

直条还可以在竖直方向或水平方向堆积，形成堆积型直条图，常用来比较同类别变量和不同类别变量的总和差异。

(3) 散点图

散点图常用来展示数据的分布或比较两个变量之间的关系，可以显示趋势、数据集群的形状以及数据云团中各数据点的关系，据此可以查看是否存在离群点(偏离大多数点较多的点)，从而判断数据集中是否存在异常值，或者根据数据点的分布推断变量之间的相关性。

(4) 直方图

直方图是一种展示数据频数的统计图表，常用于比较各分组数据的数量分布。

(5) 饼图

饼图是一个被划分为多个扇形的圆形统计图表，常用于比较百分比之间的相对关系。

(6) 箱线图

箱线图也称为盒须图，通过数据的四分位数展示数据的分布情况。

实际应用中应根据希望展示的目标选择合适的图表类型。

2. 图表的构成

图表由画布(figure)和轴域(axes)两个对象构成。画布表示一个绘图容器，画布可以划分为多个轴域，如图 9-1 所示。轴域表示一个带坐标系的绘图区域，如图 9-2 所示。

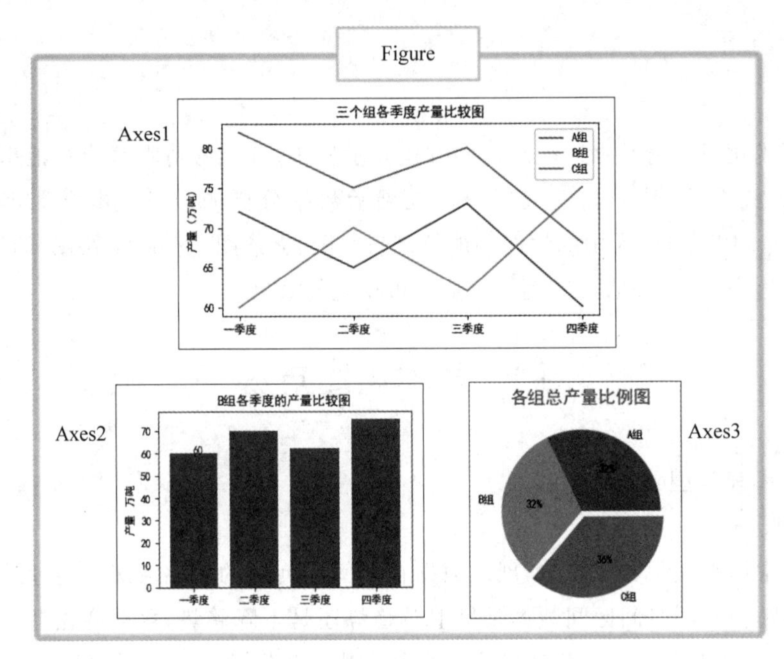

图 9-1 带有 3 个轴域的画布

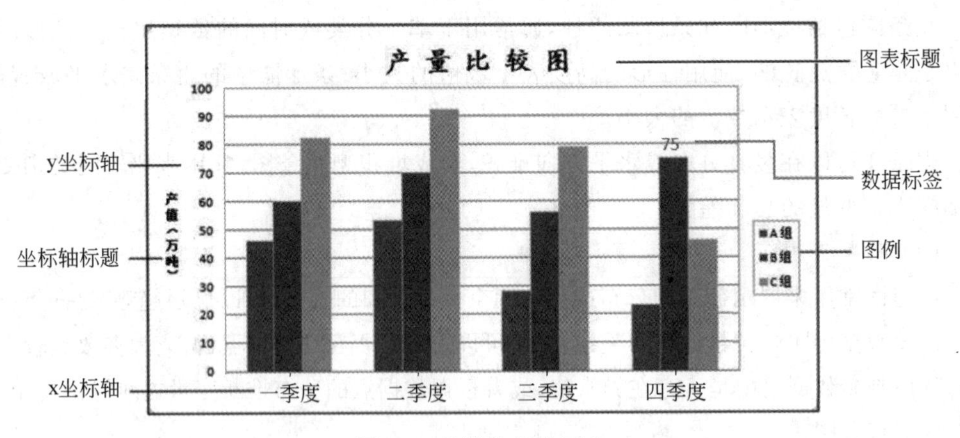

图 9-2 轴域的组成元素

直角坐标系中的轴域包括以下图形元素。

- 坐标轴：坐标轴上标记了刻度和刻度标签。

- 图例：数据源中通常包含多个数据系列，在图表中可以用不同的颜色、大小、形状等标记区分，图例用于说明这些标记的含义。
- 图表标题：说明一张图表的主题。
- 坐标轴标题：说明 x 轴和 y 轴的数据的含义。
- 数据标签：标记图表上某个点的数值。
- 网格线：网格线是一种辅助线条，是坐标轴上刻度线的延伸，它穿过绘图区，以方便查看图表上的数据；在绘图区中可以显示水平网格线、垂直网格线或在两个方向同时显示网格线。

绘图的基本步骤如下。

① 准备好绘图的数据源。

② 根据可视化目标选择合适的图表类型。

③ 调用 Matplotlib 库或 Pandas 库中的绘图功能绘制图表。

④ 根据需要设置图表标题、坐标轴标题、图例、网格线等图表元素，装饰图表。

绘制好的图表还可以保存为图形文件。

9.2　Matplotlib 绘图

Matplotlib 是利用 Python 进行数据分析的一个重要的可视化工具，它依赖于 NumPy 模块和 Tkinter 模块，只需要少量代码就能够快速绘制出多种形式的图形，如折线图、直方图、饼图、散点图等。

9.2.1　Matplotlib 库简介

Matplotlib 库提供了一种通用的绘图方法，其中应用最广泛的是 matplotlib.pyplot 模块，导入该模块后，即可直接调用其中的各种绘图功能。

```
import matplotlib.pyplot as plt                              #导入 matplotlib 模块
```

matplotlib 使用 rc 参数定义图形的各种默认属性，如画布大小、线条样式、坐标轴、文本、字体等，rc 参数存储在字典变量中，根据需要可以修改默认属性。例如，使用以下设置语句可以在图表中正常显示中文或坐标轴的负号刻度。

```
plt.rcParams['font.sans-serif'] = ['SimHei']      #设置字体正常显示中文
plt.rcParams['axes.unicode_minus'] = False        #设置坐标轴正常显示负号
```

本节主要介绍 matplotlib.pyplot 模块中的基本绘图函数，如表 9-1 所示。

表 9-1 matplotlib.pyplot 模块中的基本绘图函数及其说明

函数名称	说明
figure	创建一个空白画布，可以指定画布的大小和像素
add_subplot	在画布中添加子图
plot	绘制折线图
bar	绘制柱形图
barh	绘制条形图
pie	绘制饼图
scatter	绘制散点图
hist	绘制直方图
title	添加图表标题，可以指定标题的位置、颜色、字体大小等参数
xlabel、ylabel	添加 x 轴和 y 轴的标题，可以指定标题的位置、颜色、字体大小等参数
xlim、ylim	设置 x 轴和 y 轴的刻度范围
xticks、yticks	设置 x 轴和 y 轴的刻度位置和标签
legend	添加图例，可以指定图例的大小和位置
text	添加数据标签
savefig	保存绘制的图表
show	在屏幕上显示图表

9.2.2 绘制折线图

折线图是最常用和最基础的可视化图形，使用 plot()函数绘制。

【语法】

```
plot(x, y, color, linestyle, linewidth, marker, markersize, alpha)
```

说明：

- x，y：x 轴和 y 轴的数据，可以是列表或数组。
- color：线条颜色，常用的颜色缩写如表 9-2 所示。
- linestyle，linewidth：线条样式和线条宽度，使用'-'、'--'、'-.'、':'分别表示实线、长虚线、点画线和短虚线，默认为实线。线条宽度为 0～10 的数值，默认为 1.5。
- marker、markersize：折线上每个点的标记和大小。标记的取值及其含义如表 9-3 所示，默认为 None。标记大小为 0～10 的数值，默认为 1。
- alpha：颜色的透明度，取值为 0～1 的数值，默认 alpha=1，表示不透明。

表 9-2　常用的颜色缩写

颜色缩写	代表颜色	颜色缩写	代表颜色
b	blue	m	magenta
g	green	y	yellow
r	red	k	black
c	cyan	w	white

表 9-3　marker 的取值及其含义

marker	含　义	marker	含　义
o	圆圈	.	点
D	菱形	s	正方形
h	六边形 1	*	星号
H	六边形 2	d	小菱形
-	水平线	v	向下三角形
8	八边形	<	向左三角形
p	五边形	>	向右三角形
,	像素	^	向上三角形
+	加号	|	竖线
None	无	x	X

【例 9-1】　使用“产量”数据绘制 B 组各季度产量的折线图，如图 9-3 所示。

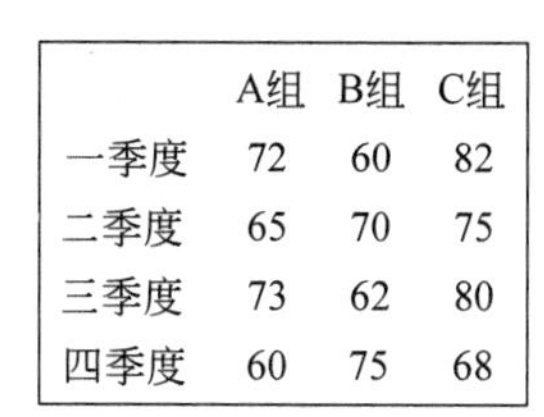

	A组	B组	C组
一季度	72	60	82
二季度	65	70	75
三季度	73	62	80
四季度	60	75	68

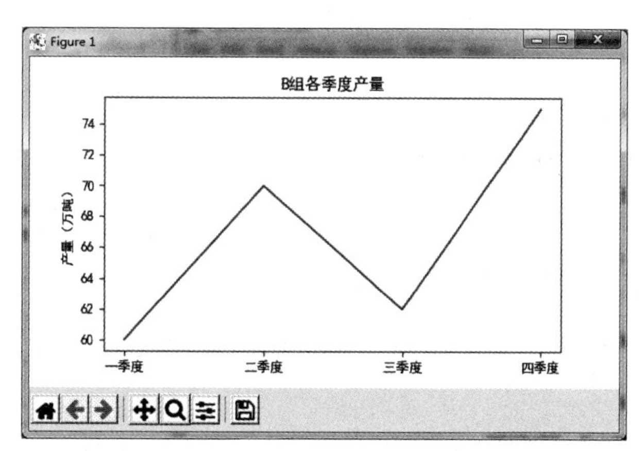

图 9-3　B 组各季度的产量

```
#文件名:chpt9-1.py
import pandas as pd
```

```
import matplotlib.pyplot as plt

plt.rcParams['font.sans-serif'] = ['SimHei']

df = pd.read_csv(r'd:\mypython\产量.csv',index_col=0, encoding='gbk')
x = df.index                          #数据框的索引
y = df['B组'].values                  #B组数据

plt.figure()                          #创建 Figure 对象,同时在画布上生成一个轴域
plt.plot(x, y)
plt.title('B组各季度产量')
plt.ylabel('产量(万吨)')
plt.show()
```

【例 9-2】 使用"产量"数据绘制各组各季度产量的折线图,如图 9-4 所示。

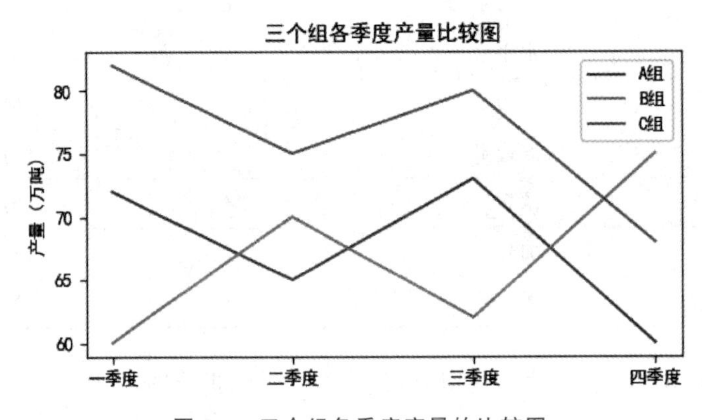

图 9-4　三个组各季度产量的比较图

```
#文件名:chpt9-2.py
import pandas as pd
import matplotlib.pyplot as plt

plt.rcParams['font.sans-serif'] = ['SimHei']

df = pd.read_csv(r'd:\mypython\产量.csv',index_col=0, encoding='gbk')
x = df.index
y = df.values                         #多个系列数据
legend = df.columns                   #列标签作为图例

plt.figure()
plt.plot(x, y)
plt.legend(legend)                    #设置图例
```

```
plt.title('三个组各季度产量比较图')
plt.ylabel('产量(万吨)')
plt.show()
```

9.2.3 绘制直条图

直条图包括柱形图和条形图两种,分别使用 bar()函数和 barh()函数绘制。

【语法 1】

```
bar(x, height, width=0.8, bottom, color)
```

功能:绘制柱状图。

说明:

- x: x 轴的坐标。
- height:柱形的高度。
- width:柱形的宽度。
- bottom:柱形图的底部在 y 轴的位置,默认 bottom=0。

【语法 2】

```
barh(y, width, height=0.8, left, color)
```

功能:绘制条形图。

说明:

- y: y 轴的坐标。
- width:条形的宽度。
- height:条形的高度。
- left:条形图的左侧在 x 轴的位置,默认 left=0。

【例 9-3】 使用产量数据绘制 B 组各季度产量的柱形图和条形图,如图 9-5 所示。

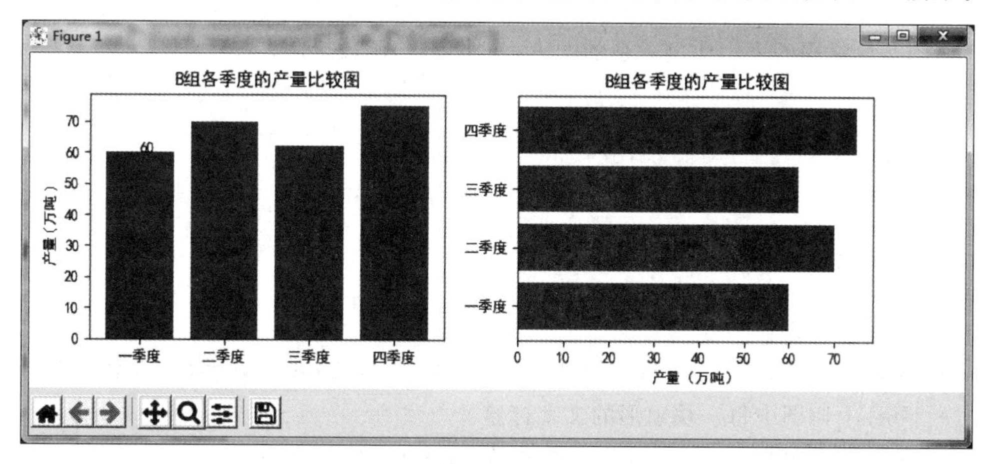

图 9-5 B 组各季度产量的柱形图和条形图

本例将画布划分为 2 个轴域，布局为 1 行 2 列，柱形图显示在第 1 行第 1 列的位置，条形图显示在第 1 行第 2 列的位置。

```
#文件名:chpt9-3.py
import pandas as pd
import matplotlib.pyplot as plt

plt.rcParams['font.sans-serif'] = ['SimHei']

df = pd.read_csv(r'd:\mypython\产量.csv',index_col=0, encoding='gbk')
data = df['B组']                                    #B组产量

fig = plt.figure()
fig.add_subplot(1,2,1)                              #添加一个子图,绘制柱形图
x = data.index
height = data.values
plt.bar(x, height)
plt.title('B组各季度的产量比较图')
plt.ylabel('产量(万吨)')
plt.text(0,height[0],height[0])                     #添加数据标签

fig.add_subplot(1,2,2)                              #添加第 2 个子图,绘制条形图
y = data.index
width = data.values
plt.barh(y, width)
plt.title('B组各季度的产量比较图')
plt.xlabel('产量(万吨)')
plt.show()
```

9.2.4 绘制饼图

饼图是最常用的表示比例关系的图表，使用 pie()函数绘制。

【语法】

```
pie(x, explode, labels, colors, autopct=None,
    pctdistance=0.6, labeldistance=1.1, startangle,
    radius, counterclock=True)
```

说明：

- x：绘图数据。
- explode：饼图中每一块扇形与圆心的距离，若 explode<0，则为分离型饼图。
- labels：饼图中每一块扇形的文字标签。
- autopct：饼图中数值的百分比格式，使用格式化字符串设置。

- pctdistance：数值标签与圆心的距离。
- labeldistance：文字标签的位置，用相对于半径的比例表示，当 labeldistance<1 时，其位置在饼图内侧。
- startangle：初始角度，默认从 x 轴的正方向逆时针开始；如果 startangle= 90，则从 y 轴的正方向开始。
- radius：饼图的半径，默认 radius=1.0。
- counterclock：是否逆时针显示。

【例 9-4】 使用产量数据绘制各组总产量的比例图，如图 9-6 所示。

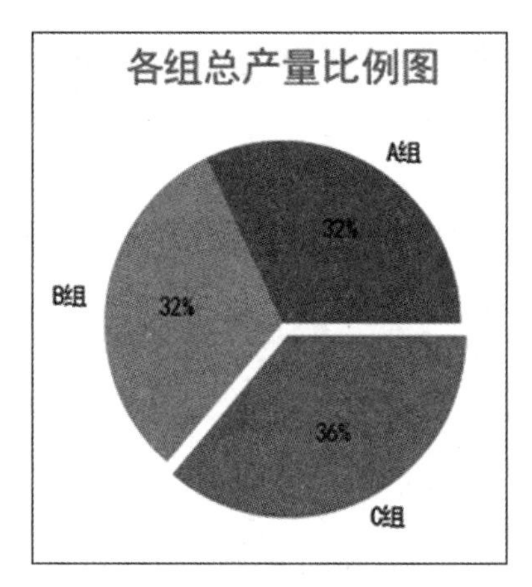

图 9-6 各组总产量的比例图

```
#文件名:chpt9-4.py
import pandas as pd
import matplotlib.pyplot as plt

plt.rcParams['font.sans-serif'] = ['SimHei']

df = pd.read_csv(r'd:\mypython\产量.csv',index_col=0, encoding='gbk')
data = df.sum(axis = 0)                                    #各部门总产量

plt.figure()
labels = data.index
explode = (0, 0, 0.075)                                    #第 3 块距离圆心 0.075
plt.pie(data, explode=explode, labels=labels, autopct='%0.0f%%')
plt.title('各组总产量比例图', fontdict={'fontsize':16, 'color':'red'})
plt.show()
```

9.2.5 绘制散点图

散点图既可以展示数据分布，也可以展示两个变量之间的相关性。此外，通过散点的大小还可以反映第三维度的数据，这种散点图称为气泡图。使用 scatter()函数绘制散点图。

【语法】

```
scatter(x, y, s, c, marker)
```

说明：

- s：散点的大小，如果每个点的大小不同，则可以得到气泡图。
- c：散点的颜色。
- marker：散点的形状。

【例 9-5】 根据学生成绩绘制散点图，查看成绩的分布情况，如图 9-7 所示。

```
#文件名:chpt9-5.py
import numpy as np
import matplotlib.pyplot as plt

plt.rcParams['font.sans-serif'] = ['SimHei']

data = [70, 80, 85, 68, 84, 85, 76, 92, 87, 72,
        52, 79, 73, 84, 80, 79, 67, 90,78, 77]
data = np.array(data)                                  #学生成绩

plt.figure()
plt.scatter(range(1, data.size + 1), data)
plt.title('学生成绩分布图')
plt.xlabel('学生')
plt.grid()                                             #添加网格线
plt.xticks(range(1, data.size + 1))                    #修改 x 轴的刻度
min_y = np.min(data)
pos_x = np.argmin(data)
plt.text(pos_x+1, min_y, min_y, color='red')           #添加数据标签
plt.show()
```

9.2.6 绘制直方图

直方图在形式上是一种柱形图，柱形的高度表示数据落在不同区间的数量。使用 hist()函数绘制直方图。

【语法】

```
hist(x, bins=10)
```

说明：

- x：分区数据。

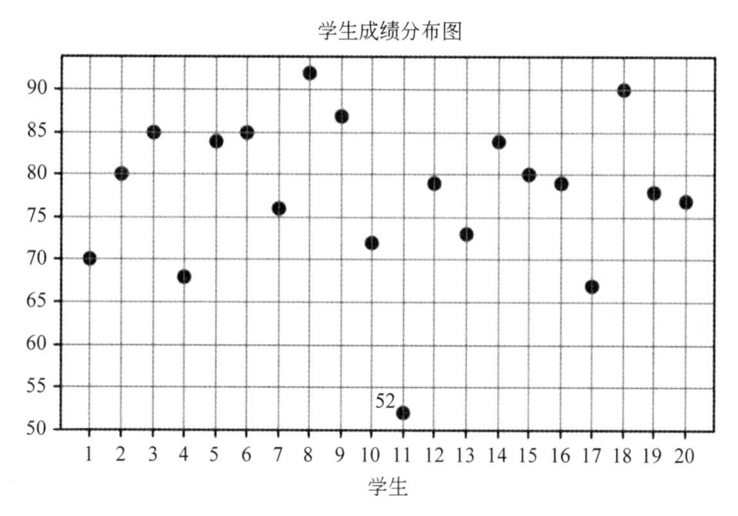

图 9-7 学生成绩分布图

- bins：分区的个数或组距的区间列表(组距默认为左闭右开)。
- 函数有 3 个返回值：第 1 个为各区间的频数，第 2 个为区间列表，第 3 个为图形对象。

【例 9-6】 根据学生成绩绘制直方图，展示各分数段的人数，如图 9-8 所示。

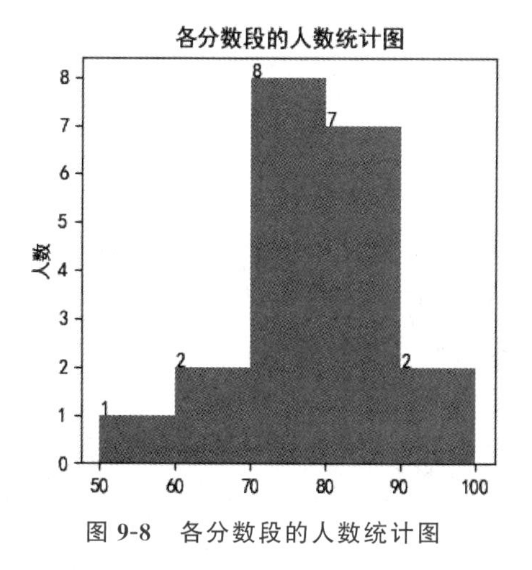

图 9-8 各分数段的人数统计图

```
#文件名:chpt9-6.py
import numpy as np
import matplotlib.pyplot as plt

plt.rcParams['font.sans-serif'] = ['SimHei']
```

```
data = [70, 80, 85, 68, 84, 85, 76, 92, 87, 72,
        52, 79, 73, 84, 80, 79,67, 90,78, 77]
data = np.array(data)

plt.figure()
bins = [50, 60, 70, 80, 90, 100]                    #组距
nums, bins_, _ = plt.hist(data, bins=bins, facecolor='g', alpha=0.65)
plt.title('各分数段的人数统计图')
plt.ylabel('人数')
for i,n in enumerate(nums):                          #添加人数标签
   plt.text(bins[i], n, int(n))
plt.savefig(r'd:\mypython\成绩_直方图.png')          #保存图表文件
plt.show()
```

9.3 Pandas 绘图

Matplotlib 库提供了一种通用的绘图方法，还可以利用 Pandas 提供的 plot 绘图方法快速方便地将系列或数据框中的数据进行可视化，plot()方法是基于 Matplotlib 库实现绘图功能的。

【格式】

```
系列对象.plot(kind, …)
数据框对象.plot(kind, …)
```

使用 plot 方法绘图时，其数据源就是系列对象或数据框对象中的数据。绘图类型可以通过 kind 参数指定(默认 kind='line')，也可以采用全写方式，如表 9-4 所示(表中的 df 可以是系列对象或数据框对象)。

表 9-4　常用的 plot 绘图类型

绘 图 类 型	kind 参数	全 写 方 式
折线图	'line'	df.plot.line()
柱形图	'bar'	df.plot.bar()
条形图	'barh'	df.plot.barh()
直方图	'hist'	df.plot.hist()
饼图	'pie'	df.plot.pie()
散点图	'scatter'	df.plot.scatter()
箱线图	'box'	df.plot.box()，df.boxplot()

【例 9-7】 利用 plot 方法绘制 B 组各季度产量的折线图，如图 9-3 所示。

```
#文件名:chpt9-7.py
import pandas as pd
import matplotlib.pyplot as plt

plt.rcParams['font.sans-serif'] = ['SimHei']

df = pd.read_csv(r'd:\mypython\产量.csv',index_col=0, encoding='gbk')
df['B组'].plot()
plt.title('B组各季度产量')
plt.ylabel('产量(万吨)')
plt.show()
```

可以看出,plot()方法默认将系列对象的行索引作为 x 轴的数据,将值项作为 y 轴的数据。

【例 9-8】 利用 plot 方法绘制三个组各季度产量的柱形图,如图 9-9 所示。

```
#文件名:chpt9-8.py
import pandas as pd
import matplotlib.pyplot as plt

plt.rcParams['font.sans-serif'] = ['SimHei']

df = pd.read_csv(r'd:\mypython\产量.csv',index_col=0, encoding='gbk')
df.plot.bar()
plt.title('三个组各季度产量比较图')
plt.ylabel('产量(万吨)')
plt.xticks(rotation=20)                          #设置刻度标签倾斜角度
plt.show()
```

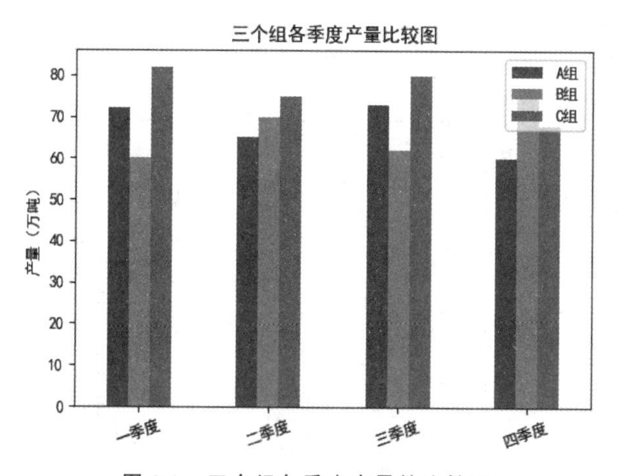

图 9-9 三个组各季度产量的比较图

可以看出，plot()方法默认将数据框对象的行标签(index)作为 x 轴的数据，将值项(values)作为 y 轴的数据，数据框中有 3 列，对应 3 个系列，使用列标签(columns)作为图例。

使用数据框对象的 describe()方法可以查看数据的分布情况，例如查看 B 组数据的方法如下。

```
>>> df = pd.read_csv(r'd:\mypython\产量.csv',index_col=0, encoding='gbk')
>>> df['B组'].describe()
count     4.000000
mean     66.750000
std       6.994045
min      60.000000
25%      61.500000
50%      66.000000
75%      71.250000
max      75.000000
Name: B组, dtype: float64
```

其中的最小值、最大值、25%、50%、75%等分位数信息可以利用箱线图进行可视化展示。

【例 9-9】 使用箱线图展示 B 组产量的分布情况，如图 9-10 所示。

```
#文件名:chpt9-9.py
import pandas as pd
import matplotlib.pyplot as plt

plt.rcParams['font.sans-serif'] = ['SimHei']

df = pd.read_csv(r'd:\mypython\产量.csv',index_col=0, encoding='gbk')
df['B组'].plot.box()
plt.show()
```

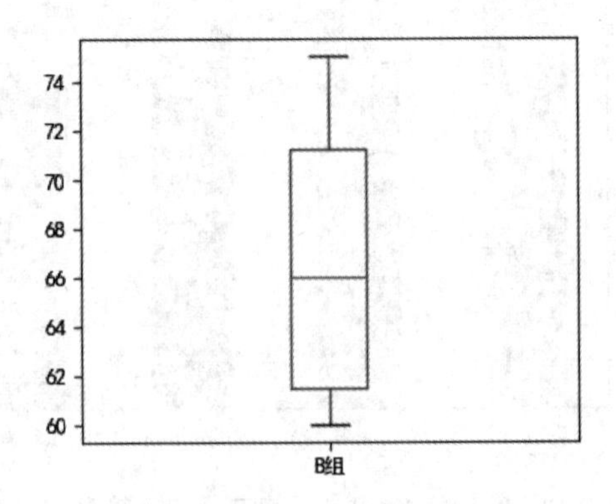

图 9-10 B 组产量的分布情况

箱线图也称为盒须图，它通过数据的四分位数展示数据的分布情况，可以直观地看到数据的中心位置、离散程度、是否有异常值等。

图 9-10 中，自下而上的每条线分别代表最小值、25%、50%、75%和最大值(100%)。数据的中心位置为 66，即有 50%的产量超过 66(万吨)，产量的范围为 60～75(万吨)。

9.4 数据可视化应用

本节使用第 8 章中的“订单_new.xlsx”数据集，通过可视化的方式展示数据分析结果。

【例 9-10】 统计各种商品的订购总数量，并以条形图展示，如图 9-11 所示。

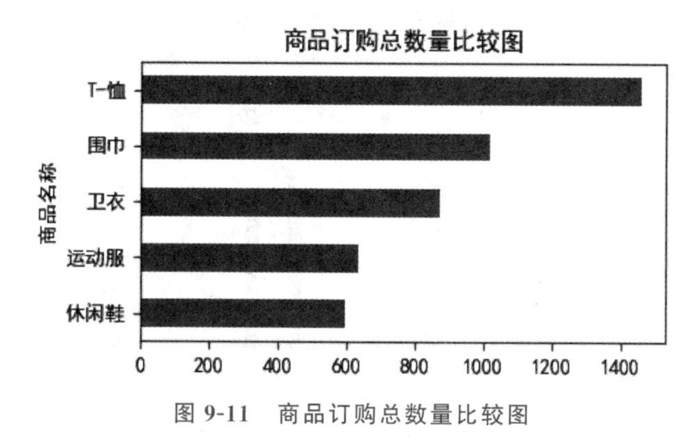

图 9-11 商品订购总数量比较图

```
#文件名:chpt9-10.py
import pandas as pd
import matplotlib.pyplot as plt

plt.rcParams['font.sans-serif'] = ['SimHei']

df = pd.read_excel(r'd:\mypython\订单_new.xlsx')
df2 = df.groupby('商品名称').agg({'数量': 'sum'})
df2 = df2.sort_values(by='数量')
df2['数量'].plot(kind='barh')
plt.title('商品订购总数量比较图')
plt.show()
```

【例 9-11】 统计每周各种商品的订购总数量，并以柱形图展示，如图 9-12 所示。

```
#文件名:chpt9-11.py
import pandas as pd
import matplotlib.pyplot as plt
```

```
plt.rcParams['font.sans-serif'] = ['SimHei']

df = pd.read_excel(r'd:\mypython\订单_new.xlsx')
df2 = df.pivot_table(values='数量', index='周次',
                     columns='商品名称',aggfunc='sum')
df2.plot(kind='bar')
plt.title('每周各种商品的订购总数量比较图')
plt.legend(ncol=2)                                   #图例显示为两列
plt.show()
```

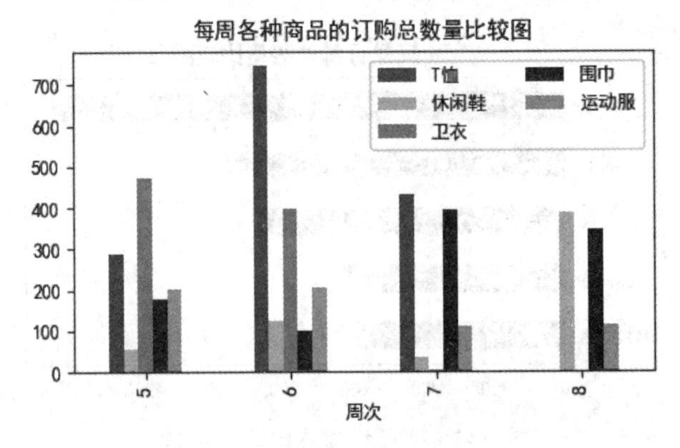

图 9-12 每周各种商品的订购总数量比较图

【例 9-12】 根据围巾的每日订购数量，通过直方图展示订购数量在不同区间的频数，如图 9-13 所示。

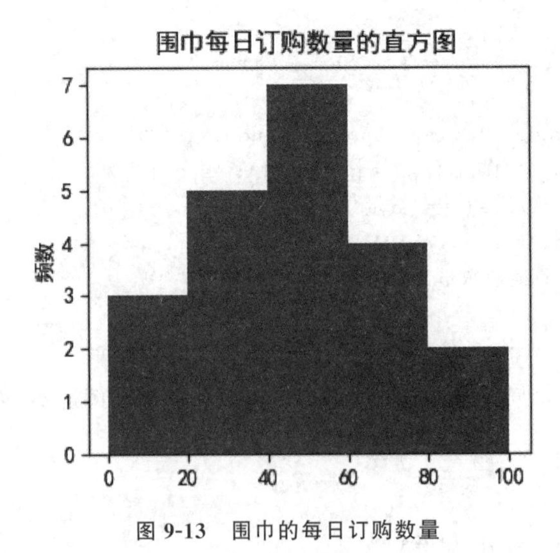

图 9-13 围巾的每日订购数量

```
#文件名:chpt9-12.py
import pandas as pd
import matplotlib.pyplot as plt

plt.rcParams['font.sans-serif'] = ['SimHei']

df = pd.read_excel(r'd:\mypython\订单_new.xlsx')
df2 = df[df.商品名称 == '围巾'].groupby('订单日期').agg({'数量':'sum'})
bins = [0, 20, 40, 60, 80, 100]
df2['数量'].plot.hist(bins = bins)
plt.title('围巾每日订购数量的直方图')
plt.ylabel('频数')
plt.show()
```

从直方图中可以看出，围巾有2天的订购数量超过80件，有7天的订购数量为40～60件，还有7天没有订单。

【例9-13】 统计各商品的订购总数量并用饼图展示，如图9-14所示。

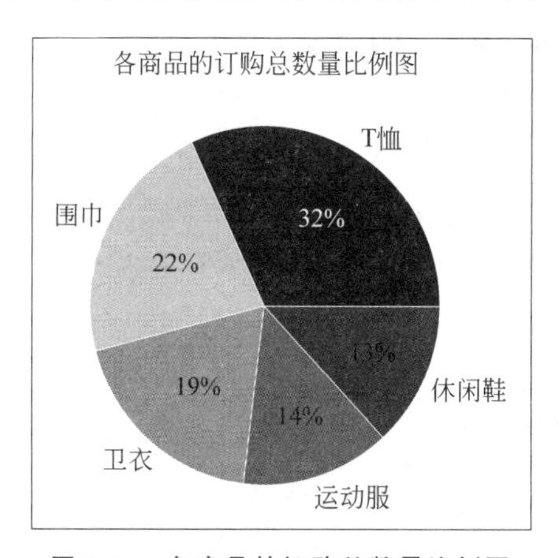

图9-14　各商品的订购总数量比例图

```
#文件名:chpt9-13.py
import pandas as pd
import matplotlib.pyplot as plt

plt.rcParams['font.sans-serif'] = ['SimHei']

df = pd.read_excel(r'd:\mypython\订单_new.xlsx')
df2 = df.groupby('商品名称').agg({'数量':'sum'})
```

```
df2 = df2.sort_values(by='数量', ascending=False)
df2['数量'].plot.pie(autopct='%0.0f%%')
plt.title('各商品的订购总数量比例图')
plt.ylabel('')                                           #清除 y 轴标题
plt.show()
```

从饼图中可以看出,T 恤的订购比例最高,其次是围巾。

【例 9-14】 统计每日订购金额,用折线图展示,并在图中标注金额的最大值和最小值,如图 9-15 所示。

```
#文件名:chpt9-14.py
import pandas as pd
import matplotlib.pyplot as plt

plt.rcParams['font.sans-serif'] = ['SimHei']

def get_pos(df):
    '''功能:获取数据集中最小值和最大值的位置 '''
    data = df.values
    min_y = data.min().round(2)                                  #最小值
    max_y = data.max().round(2)                                  #最大值
    min_idx = data.argmin()
    max_idx = data.argmax()
    min_x = df.index[min_idx]                                    #最小值的行索引
    max_x = df.index[max_idx]                                    #最大值的行索引
    pos = [(min_x, min_y), (max_x, max_y)]
    return pos

df = pd.read_excel(r'd:\mypython\订单_new.xlsx')
df2 = df.groupby('订单日期').agg ({'金额':'sum'})
df2['金额'].plot()
plt.title('2 月份每日订购金额变化图')
pos_min, pos_max = get_pos(df2)                                  #调用函数
plt.text(pos_min[0], pos_min[1], pos_min[1], color='m') #标注最小值
plt.text(pos_max[0], pos_max[1], pos_max[1], color='r') #标注最大值
plt.show()
```

从图 9-15 中可以看出,13 日之前每日的订购金额比之后更高,这可能与 2 月份的节日有关。

【例 9-15】 使用散点图展示运动服每日订购数量的变化情况,如图 9-16 所示。

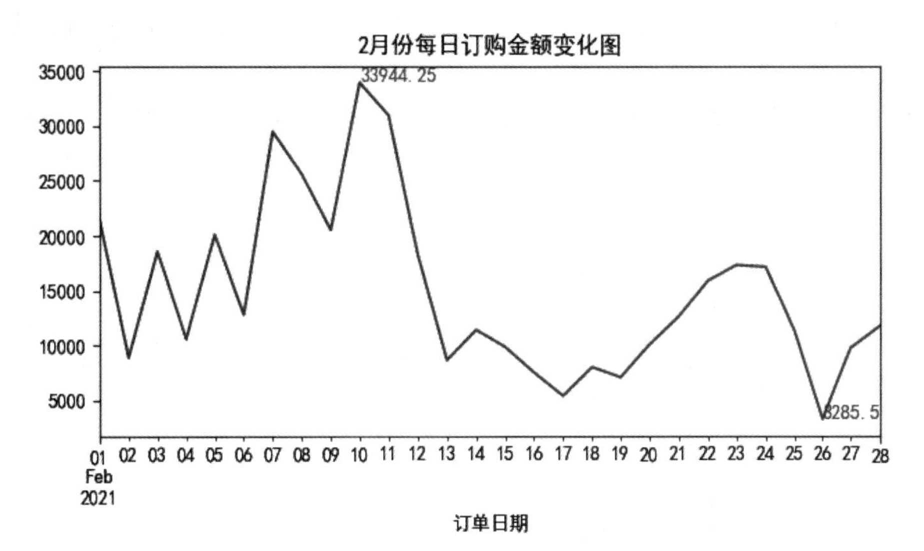

图 9-15　每日订购金额变化图

```
#文件名:chpt9-15.py
import pandas as pd
import matplotlib.pyplot as plt

df = pd.read_excel(r'd:\mypython\订单_new.xlsx')
df2 = df.pivot_table(values='数量', index='订单日期', columns='商品名称',
                     aggfunc='sum', fill_value=0)
df2 = df2.reset_index()
df2.plot.scatter(x='订单日期', y='运动服')
plt.xticks(rotation=30, fontsize=8)
plt.title('运动服的每日订购数量变化图', fontproperties='SimHei')
plt.ylabel('')                                          #清除 y 轴标题
plt.xlabel('')                                          #清除 x 轴标题
plt.grid()
plt.show()
```

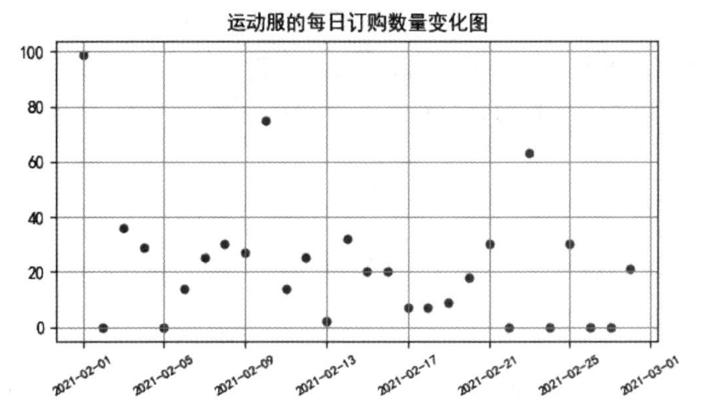

图 9-16　运动服的每日订购数量变化图

从图 9-16 中可以看出,运动服每日的订购数量有 3 天超过 60 件,每日的订购数量大多为 10～30 件,有 6 天没有订单。

【例 9-16】 使用散点图比较 T 恤和运动服的每日订购数量是否有相关性,如图 9-17 所示。

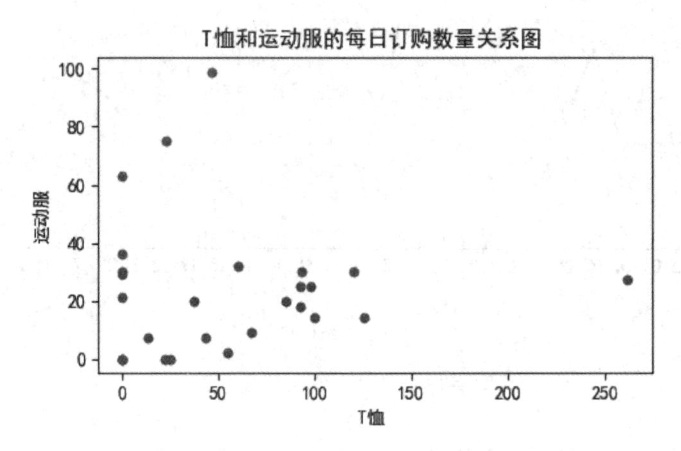

图 9-17 T 恤和运动服的每日订购数量关系图

```
#文件名:chpt9-16.py
import pandas as pd
import matplotlib.pyplot as plt

plt.rcParams['font.sans-serif'] = ['SimHei']

df = pd.read_excel(r'd:\mypython\订单_new.xlsx')
df2 = df.pivot_table(values='数量', index='订单日期', columns='商品名称',
                     aggfunc='sum', fill_value=0)
df2.plot.scatter(x='T 恤', y='运动服')
plt.title('T 恤和运动服的每日订购数量关系图')
plt.show()
```

从图 9-17 中可以看出,T 恤和运动服的每日订购数量没有关系。

【例 9-17】 使用气泡图展示每日订购金额和订购数量的情况,订购数量使用气泡大小表示,如图 9-18 所示。

```
#文件名:chpt9-17.py
import pandas as pd
import matplotlib.pyplot as plt

plt.rcParams['font.sans-serif'] = ['SimHei']
```

```
df = pd.read_excel(r'd:\mypython\订单_new.xlsx')
df2 = df.groupby('订单日期').agg({'金额':'sum','数量':sum}).reset_index()
df2.plot.scatter(x='订单日期', y='金额', s='数量', c='g', alpha=0.5)
plt.title('每日订购金额和订购数量变化图')
plt.show()
```

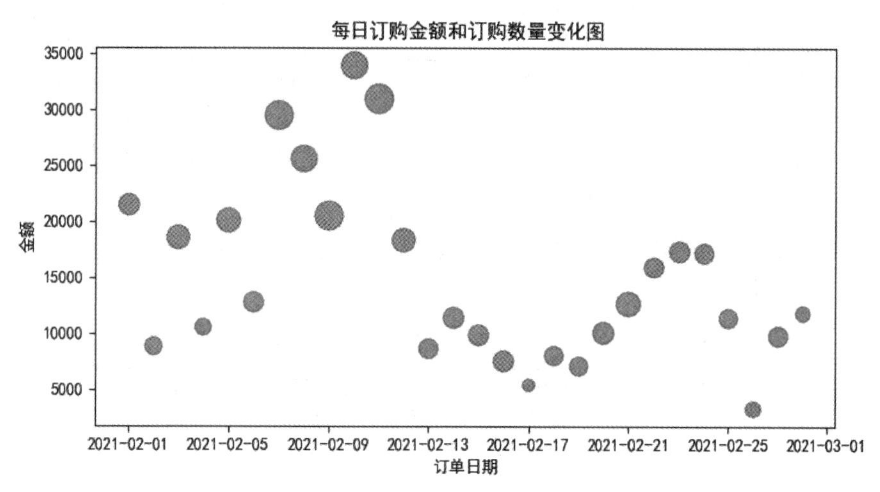

图 9-18 每日订购金额和订购数量变化图

气泡图是散点图的一种，它通过每个点的大小反映第三维度的数据。本例中，x轴表示日期，y轴表示金额，订购数量使用气泡的大小表示。从图9-18中可以看出，最后一天的订购金额比前3天都高，但订购数量较小。

【例 9-18】 绘制箱线图，比较各种商品的订单金额的分布情况，如图9-19所示。

```
#文件名:chpt9-18.py
import pandas as pd
import matplotlib.pyplot as plt

plt.rcParams['font.sans-serif'] = ['SimHei']

df = pd.read_excel(r'd:\mypython\订单_new.xlsx')
df.boxplot(column='金额', by='商品名称')             #按商品名称分组,按金额统计
plt.title('商品订单金额分布图')
plt.savefig(r'd:\mypython\订单_箱线图.png')        #保存图表文件
plt.show()
```

从图9-19中可以看出，运动服的金额范围最分散，订单金额也最高，75%位置处的订单金额已接近4000；围巾的金额范围最集中，订单金额也最少；休闲鞋有50%的订单金额

在 2500 以上,最大订单金额不超过 4000。

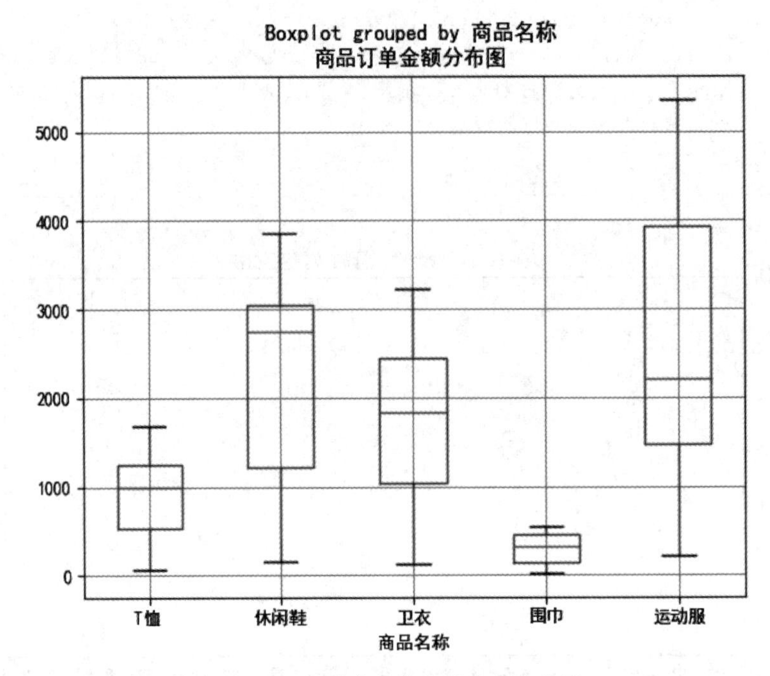

图 9-19 各种商品的订单金额分布图

9.5 本章小结

本章介绍了 Matplotlib 库和 Pandas 扩展库中常用的绘图方法,主要内容如下。

(1) 常用的可视化图表类型(如折线图、散点图、直条图、饼图、箱线图等)及其作用。

(2) 图表由画布和轴域两个对象构成。绘图时应根据数据可视化的目标选择数据源和图表类型,然后调用 Matplotlib 库或 Pandas 库中的绘图方法。根据需要可以将图表保存为图形文件。

(3) Matplotlib 库提供了一种通用的绘图方法,其中应用最广泛的是 matplotlib.pyplot 模块。绘图的数据来源可以是 Python 列表、NumPy 数组或 Pandas 数据对象。利用 Pandas 中的 plot()绘图方法可以快捷方便地将系列或数据框中的数据进行可视化。

除了绘制基本的图形以外,还可以根据需要设置图表标题、坐标轴标题、图例、网格线等图表元素,从而进一步修饰和美化图表,方便对图表的理解和查看。

本章介绍了图表的基本绘制方法,其他使用方法及方法中的参数设置可以查阅相关帮助文档或利用 help()函数获取联机帮助。

(4) 结合“订单”数据集展示了数据可视化的效果及其在数据分析中的作用。

9.6 习　　题

使用第 8 章习题中建立的 sales 数据框对象进行数据可视化,并分析结果。

(1) 绘制折线图,展示 12 个月的服装销量情况。

(2) 绘制柱形图,展示 12 个月的商品销量情况。

(3) 绘制箱线图,展示各商品销量的分布情况。

(4) 绘制饼图,展示各商品总销量的占比情况。

(5) 自选图表类型,通过数据可视化分析全年的总体销售情况。

附录

Appendix

Python 常用内置函数

函　　数	功　　能
abs(x)	返回数字 x 的绝对值或复数 x 的模
all(iterable)	如果对于可迭代对象中所有元素 x 都等价于 True,即对于所有元素 x 都有 bool(x)等于 True,则返回 True。对于空的可迭代对象也返回 True
any(iterable)	只要可迭代对象 iterable 中存在元素 x 使得 bool(x)为 True,则返回 True。对于空的可迭代对象,返回 False
ascii(obj)	把对象转换为 ASCII 码值表示形式(可以使用转义字符表示特定的字符)
bin(x)	把整数 x 转换为二进制串表示形式
bool(x)	返回与 x 等价的布尔值(True 或 False)
bytes(x)	生成字节串或把指定对象 x 转换为字节串表示形式
callable(obj)	测试对象 obj 是否可调用。类和函数都是可调用的,包含__call__()方法的类的对象也是可调用的
compile()	用于把 Python 代码编译成可被 exec()或 eval()函数执行的代码对象
complex(real, [imag])	返回复数
chr(x)	返回 Unicode 编码为 x 的字符
delattr(obj, name)	删除属性,等价于 del obj.name
dict([x])	把对象 x 转换为字典或生成空字典
dir(obj)	返回指定对象或模块 obj 的成员列表,如果不带参数,则返回当前作用域内的所有标识符
divmod(x, y)	返回包含整商和余数的元组((x-x%y)/y, x%y)
enumerate(iterable[, start])	返回包含元素形式为(0,iterable[0]), (1,iterable[1]), (2,iterable[2]), …, (n,iterable[n])的迭代器对象
eval(s[,globals[, locals]])	计算并返回字符串 s 中表达式的值
exec(x)	执行代码或代码对象 x
exit()	退出当前解释器环境

续表

函　数	功　能
filter(func, seq)	返回 filter 对象,其中包含序列 seq 中使得单参数函数 func()返回值为 True 的那些元素,如果函数 func()为 None,则返回包含 seq 中等价于 True 的元素的 filter 对象
float(x)	把整数或字符串 x 转换为浮点数并返回
frozenset([x]))	创建不可变的集合对象
getattr(obj, name[, default])	获取对象中指定属性的值,等价于 obj.name,如果不存在指定属性,则返回 default 的值,如果要访问的属性不存在且没有指定 default,则抛出异常
globals()	返回包含当前作用域内全局变量及其值的字典
hasattr(obj, name)	测试对象 obj 是否具有名为 name 的成员
hash(x)	返回对象 x 的哈希值,如果 x 不可哈希,则抛出异常
help(obj)	返回对象 obj 的帮助信息
hex(x)	把整数 x 转换为十六进制串
id(obj)	返回对象 obj 的标识(内存地址)
input([prompt])	显示提示,接收键盘输入的内容,返回字符串
int(x[, d])	返回实数(float)、分数(Fraction)或高精度实数(Decimal)x 的整数部分,或把 d 进制的字符串 x 转换为十进制并返回,d 默认为十进制
isinstance(obj, class-or-type-or-tuple)	测试对象 obj 是否属于指定类型(如果有多个类型,则需要放到元组中)的实例
iter(...)	返回指定对象的可迭代对象
len(obj)	返回对象 obj 包含的元素个数,适用于列表、元组、集合、字典、字符串以及 range 对象和其他可迭代对象
list([x])	把对象 x 转换为列表或生成空列表
locals()	返回包含当前作用域内局部变量及其值的字典
map(func, * iterables)	返回包含若干函数值的 map 对象,函数 func()的参数分别来自于 iterables 指定的每个迭代对象
max(x)	返回可迭代对象 x 中的最大值,要求 x 中的所有元素可比较大小。可以指定排序规则和 x 为空时返回的默认值
min(x)	返回可迭代对象 x 中的最小值,要求 x 中的所有元素可比较大小。可以指定排序规则和 x 为空时返回的默认值
next(iterator[, default])	返回可迭代对象 x 中的下一个元素,允许指定迭代结束后继续迭代时返回的默认值
oct(x)	把整数 x 转换为八进制串
open(name[, mode])	以指定模式 mode 打开文件 name 并返回文件对象
ord(x)	返回一个字符 x 的 Unicode 编码
pow(x, y, z=None)	返回 x 的 y 次方,等价于 x ** y 或(x ** y) % z

续表

函　　数	功　　能
print(value, …,sep=' ', end='\n', file=sys.stdout, flush=False)	基本输出函数
quit()	退出当前解释器环境
range([start,] end [, step])	返回 range 对象,其中包含左闭右开区间[start,end)内以 step 为步长的整数
reduce(func, sequence[, initial])	将双参数的函数 func()以迭代的方式从左到右依次应用至序列 seq 中的每个元素,最终返回单个值作为结果。在 Python 3.x 中需要从 functools 中导入 reduce()函数后再使用
repr(obj)	返回对象 obj 的规范化字符串表示形式,对于大多数对象有 eval(repr(obj))==obj
reversed(seq)	返回 seq(可以是列表、元组、字符串、range 对象以及其他可迭代对象)中所有元素逆序后的迭代器对象
round(x [,ndigits])	对 x 进行四舍五入,若不指定小数位数,则返回整数
set([x])	把对象 x 转换为集合或生成空集合
sorted(iterable, key=None, reverse=False)	返回排序后的列表,其中,iterable 表示要排序的序列或迭代对象,key 用来指定排序规则或依据,reverse 用来指定升序或降序。该函数不会改变 iterable 内任何元素的顺序
str(obj)	把对象 obj 直接转换为字符串
sum(x, start=0)	返回序列 x 中所有元素之和,返回 start+sum(x)
tuple([x])	把对象 x 转换为元组或生成空元组
type(obj)	返回对象 obj 的类型
zip(seq1 [, seq2 […]])	返回 zip 对象,其中元素为(seq1[i],seq2[i],…,seqn[i])形式的元组,最终结果中包含的元素个数取决于所有参数序列或可迭代对象中最短的那个

参考文献

[1] 董付国. Python 程序设计基础[M]. 2 版. 北京：清华大学出版社. 2017.

[2] Carol Vorderman. Computer Coding Python projects for Kids：A Step-by-Step Visual Guide[M]. London：Dorling Kindersley Ltd. 2017.

[3] 斯文. 基于 Python 的金融分析与风险管理[M]. 北京：人民邮电出版社. 2019.

[4] 龙马高新教育. Python3 数据分析与机器学习实战[M]. 北京：北京大学出版社. 2018.

图书资源支持

感谢您一直以来对清华版图书的支持和爱护。为了配合本书的使用，本书提供配套的资源，有需求的读者请扫描下方的“书圈”微信公众号二维码，在图书专区下载，也可以拨打电话或发送电子邮件咨询。

如果您在使用本书的过程中遇到了什么问题，或者有相关图书出版计划，也请您发邮件告诉我们，以便我们更好地为您服务。

我们的联系方式：

清华大学出版社计算机与信息分社网站：https://www.shuimushuhui.com/

地　　址：北京市海淀区双清路学研大厦 A 座 714

邮　　编：100084

电　　话：010-83470236　010-83470237

客服邮箱：2301891038@qq.com

QQ：2301891038（请写明您的单位和姓名）

资源下载：关注公众号“书圈”下载配套资源。

资源下载、样书申请

书圈

图书案例

清华计算机学堂

观看课程直播